Schriftenreihe des Österreichischen Wasserwirtschaftsverbandes — Heft 43



Schriftenreihe des Österreichischen Wasserwirtschaftsverbandes — Heft 43

SCHRIFTENREIHE DES
ÖSTERREICHISCHEN WASSERWIRTSCHAFTSVERBANDES

HEFT 43

# SEENSCHUTZ

## ERGEBNISSE und PROBLEME
### aufgezeigt bei der Seenschutztagung 1961 in Gmunden

von

Baurat h. c. Dipl.-Ing. Georg Beurle
Dr. Wilhelm Einsele
Min. Rat Dr. Harald Langer-Hansel
Prof. Dr. Gustav Wendelberger

sowie zahlreichen Diskussionsrednern
Mit 1 Abbildung

WIEN
SPRINGER-VERLAG
1961

ISBN-13: 978-3-211-80596-1     e-ISBN-13: 978-3-7091-5544-8
DOI: 10.1007/978-3-7091-5544-8



Eigenverlag des Österr. Wasserwirtschaftsverbandes, Wien 1961.
In Kommission bei Springer-Verlag, Wien.

# Inhalt

# Vorwort

Die Gmundener Seenschutztagung vom 29. September 1961, deren dort gehaltene Vorträge und anschließende Erörterungen in diesem Heft teils vollinhaltlich, teils dem Sinne nach wiedergegeben sind, hatte p r a k t i s c h e  u n d  e t h i s c h e  Z i e l e. Die ethischen entsprachen dem Wunsch weiter Kreise — der fröhlichen Feriengäste, der feinsinnigen Besucher unserer Naturschönheiten, der eifrigen Sportfischer —, die Allgemeinheit für den Schutz der Schönheit, für die Erhaltung des natürlichen Bestandes unserer Seen, ihrer Eignung für Bad und schonend ausgeübten Sport zu gewinnen; die praktischen Ziele bestanden in der Abwägung der Möglichkeiten, den Zutritt zum Ufer zu gewähren, den Seen die fortschreitende Verbauung in vertretbarem Ausmaß vom Leibe zu halten, ihre technische wasserwirtschaftliche Verwendbarkeit zu prüfen und so schließlich einen möglichst guten Einklang zwischen der Bewahrung naturgegebener Verhältnisse und der Inanspruchnahme auch dieses Schatzes unserer Heimat durch den herandrängenden, anspruchsvollen und oft rücksichtslosen Menschen unserer Zeit herzustellen.

Das ist beim Schutz unserer Seen gewiß nicht leicht! Aber die Freunde der Natur, die Vertreter des Fremdenverkehrs, die Techniker, die Biologen — alle diese Männer, die in Gmunden länger oder kürzer von der gebotenen Sprechmöglichkeit Gebrauch machten — waren von bestem Willen erfüllt, von ihrem Standpunkt aus zur Erörterung und Lösung der aufgeworfenen Fragen beizutragen. Dafür gebührt ihnen der Dank der Öffentlichkeit und der beiden Verbände, die diese Tagung einberufen und gestaltet haben.

Möge so dieser Ruf nach Schutz und Reinhaltung unserer Seen nicht ungehört verhallen! Seine Fassung fand er in einer dem Sinne nach von allen Teilnehmern der Tagung gebilligten Resolution. Diese sei im folgenden den Vorträgen und Beiträgen zur Wechselrede als richtungweisende Entschließung vorangestellt.

Österreichischer
Wasserwirtschaftsverband

# Resolution

der

Seenschutztagung

in Gmunden am 29. September 1961

Unter dem Eindruck der Ergebnisse der Seenschutztagung in Gmunden vom Freitag, den 29. September 1961, treten die Teilnehmer dieser Tagung an die R e g i e r u n g e n der Bundesländer und an alle zuständigen B e - h ö r d e n Österreichs mit der nachdrücklichen Bitte heran,

**alles in ihrer Macht Stehende zu veranlassen, um die Seen Österreichs vor weiterer Zerstörung zu schützen:**

vor V e r s i e d e l u n g   d e r   U f e r, weiterem V e r k a u f   v o n G r u n d s t ü c k e n im Uferbereich und dadurch bedingter A b - s p e r r u n g, B e n ü t z u n g s -   o d e r   S i c h t b e s c h r ä n - k u n g der Ufer;

vor V e r u n r e i n i g u n g durch Abwässer und Treibstoffrückstände;

vor n a t u r f r e m d e r   U f e r v e r b a u u n g.

Dies bezieht sich auf die natürlichen Seen selbst wie auf alle künstlichen Wasseransammlungen, wie Staubecken, Ziegelteiche u.' dgl.

Insbesondere mögen die Behörden ihr Augenmerk auf die einwandfreie M ü l l -   u n d   A b w a s s e r b e s e i t i g u n g der Ufergemeinden sowie auf die zahlreichen brennenden und aktuellen E i n z e l p r o b l e m e unserer österreichischen Seen richten. Vor allem mögen — soweit dies nicht bereits in einzelnen Bundesländern geschehen ist — die noch ausständigen V e r - o r d n u n g e n   z u r   S e e n v e r k e h r s o r d n u n g   1 9 6 1 durch die Herren Landeshauptleute e h e b a l d i g s t erlassen werden, um die Wirksamkeit dieses Gesetzes in der Praxis zu gewährleisten.

Ferner mögen die gesetzlichen Voraussetzungen für das P l a n u n g s - w e s e n (Flächennutzungs- und Bebauungspläne) auch in jenen Bundesländern geschaffen werden, in denen derzeit noch keine solche gesetzliche Grundlage besteht.

Die Landesregierungen werden ersucht, dafür Sorge zu tragen, daß vor
j e d e r  Veränderung in den jeweiligen Seeuferzonen der zuständige
N a t u r s c h u t z - B e i r a t  oder das sonst im Gesetz als Gutachter ein-
gesetzte Organ gehört werde.

Die veranstaltenden Verbände, der

Ö s t e r r e i c h i s c h e  N a t u r s c h u t z b u n d

und der

Ö s t e r r e i c h i s c h e  W a s s e r w i r t s c h a f t s v e r b a n d

stehen jederzeit mit Rat und Tat zur Verfügung. Sie werden sich erlauben,
alle weiteren Schutzmaßnahmen für unsere österreichischen Seen mit größter
Aufmerksamkeit zu verfolgen, und hoffen, der Öffentlichkeit nach Jahres-
frist bereits positive Erfolge mitteilen zu können.

# Vorträge

Baurat h. c. Dipl.-Ing. Georg B e u r l e, Linz, Präsident des Österreichischen Wasserwirtschaftsverbandes:

## Seenschutz und Wasserwirtschaft

Wenn ich den besonderen Vorzug habe, anläßlich unserer heutigen Tagung die Reihe der 4 Vorträge, die für diesen Vormittag vorgesehen sind, mit meinen Ausführungen über „Seenschutz und Wasserwirtschaft" beginnen zu dürfen, so veranlaßt mich dies vor allem zu einer Abgrenzung meines Gegenstandes gegenüber den anderen 3 Herren Referenten, um Wiederholungen zu vermeiden. Ich habe daher in erster Linie vom wasserwirtschaftlichen und vom wasserbaulichen Standpunkt aus mich zu den Veränderungen zu äußern, die durch unsere einschlägigen technischen Arbeiten und wirtschaftlichen Planungen an unseren Seen entstehen und uns notwendigerweise in vielen Fällen in einen Gegensatz zu dem bringen, was die Natur geschaffen hat.

Aber auch die Natur selbst verändert ständig den Zustand unserer Seen, was wir trotz der zeitlichen Dehnung dieses Vorganges einigermaßen zu beurteilen vermögen. Wenn ich gleich an den Beginn meiner Ausführungen diese Tatsache stelle, so will ich damit andeuten, daß es sich bei unseren Seen, genau wie bei den Flüssen, um keineswegs für alle Ewigkeit gleichbleibende Naturgegebenheiten handelt, sondern daß wir zum Teil innerhalb eines Lebensalters oder sicher innerhalb mehrerer Generationen — also durchaus in Zeiträumen, die unserem Bewußtsein zugänglich sind — hier „natürliche" Wandlungen miterleben können. Ich habe aber außerdem darauf hinzuweisen, daß wir an einer Reihe unserer Seen Einrichtungen, vor allem zur Beeinflussung des Wasserstandes und zur Regelung der Wasserabgabe an den Abfluß dieser Seen, begegnen, die durchaus technischer, also künstlicher Art sind, deren Bestand und Auswirkungen aber seit Jahrzehnten oder Jahrhunderten sich so eingespielt haben, daß wir sie weitgehend nicht mehr als künstliche Eingriffe empfinden und daß sie der öffentlichen Erörterung und Kritik nicht mehr unterliegen.

Lassen Sie mich nun vom Standpunkt der natürlichen Wasserwirtschaft,
also des Kreislaufes Himmel, Erde, Fluß und Meer, die Rolle beleuchten, die
die Seen spielen. Sie stellen im häufigsten Fall innerhalb fließender Gewässer,
wie es etwa die Traun und die Ager oder der Rhein oder in Kärnten die nördlichen Zubringer der Drau sind, gewissermaßen Haltepunkte dar; sie
verändern durch diesen Umstand sowohl die Beschaffenheit des Wassers als
auch die Abflußerscheinungen, wobei man allgemein sagen kann, daß sie
wasserwirtschaftlich verbessernd auf das ihnen angeschlossene Flußsystem
wirken.

Die Geschiebemengen und die Schwebstoffe, gemeinsam ausgedrückt durch
die Bezeichnung Feststoffe, die die Zuflüsse in den See tragen, werden dort
abgelagert, das Wasser klärt sich somit besonders in tiefen Seen, was zweifellos
eine Verbesserung der Beschaffenheit bedeutet, und es wird auch die Temperatur in einem gewissen Maß beeinflußt. Was die Wassermengen anlangt, also
den Abfluß, so ist zu betonen, daß die natürlichen Seen durch Hebung und
Senkung ihres Spiegels abflußausgleichend wirken, wobei die Größe der Oberfläche entscheidend ist, während die Tiefe hiebei keine Rolle spielt. Schließlich
muß erwähnt werden, daß die Seen insofern eine Verlustquelle für den
Wasserhaushalt darstellen, als sie zur Verdunstung wesentlich beitragen, wenn
ihre Oberfläche im Verhältnis zum Zufluß groß ist und, was Hand in Hand
damit geht, die sommerliche Erwärmung der Seeoberfläche dann besonders
stark ist.

## Veränderungen des Wasserstandes

Die Angriffe auf den Naturzustand, die vom Wasserbau kommen, sind
bis jetzt und im wesentlichen auf den Ersatz der vorhin erwähnten natürlichen
Beeinflussung der Wasserabgabe durch eine künstliche Bewirtschaftung gerichtet, die in viel höherem Maße und vor allem zu willkürlich gewählten
Zeiten den Inhalt des Sees durch Speicherung und Anhebung des Wasser-
spiegels vergrößert oder durch Absenkung unter Heranziehung seines Inhaltes
zu einer Anreicherung der Wasserführung des Vorfluters führt. Derartige
Planungen und Verwirklichungen sind keineswegs erst mit dem Aufkommen
des Großwasserkraftbaues entstanden. Früher waren sie allerdings mehr darauf
gerichtet, die Trift und die Flößerei oder die Schiffahrt auf unseren Achen und
Flüssen zu ermöglichen. Als Beispiele nenne ich hier die Klause am Hallstättersee, die dazu gedient hat, Flößerei und Schiffahrt auf der Traun zwischen
Steeg am Hallstättersee und Ebensee zu ermöglichen; und am selben Fluß die
Seeklause in Gmunden, die dem gleichen Zweck, nur schon in größerem Maßstab, diente und ihre besondere Bedeutung bei Hochwasser hat. Die alten
„Klausordnungen", die hier bestanden oder noch bestehen, berichten darüber
und unterrichten uns, daß in Zeiten, in denen man noch nicht im modernen
Sinne von Wasserwirtschaft und Naturschutz sprach, die Seen damals schon
ganz verwandten Zwecken zugeführt wurden, zu denen man sie heute benützen will.

Nun wäre es eine Verkennung der Aufgabe unserer Tagung, wenn ich mich an dieser Stelle gegen alle Maßnahmen wendete, durch die eine gewisse Nutzung unserer Seen und eine wenigstens teilweise Unterwerfung ihres Abflusses unter den menschlichen Willen erreicht werden soll. Denn dieses Beginnen ist zweifellos sinnvoll und aus der Gegenwart so wenig wegzudenken wie die Beanspruchung von Wald und Flur durch unsere Verkehrsbauten, wie die vor 100 Jahren entstandenen Eisenbahnen und die seit 10 Jahren im Bau befindlichen Autobahnen, die zum alten Straßensystem, das unsere Landschaft durchzieht, hinzukommen. Wohl aber können wir im Falle unserer Seen von der Natur her einige Richtlinien dafür empfangen, was hier künftig zuzulassen oder andererseits als nicht zulässig abzulehnen ist.

Ein erstes Kriterium dafür wären wohl die n a t ü r l i c h e n S c h w a n - k u n g e n d e r W a s s e r s t ä n d e unserer Seen, über die wir gut unter- richtet sind, weil ihre Beobachtung leicht ist und schon seit vielen Jahrzehnten mit Aufmerksamkeit verfolgt wird. Ich führe Ihnen daher im folgenden einige Zahlen an, die aus den höchsten und tiefsten Wasserständen abgeleitet sind, die im Laufe der letzten Jahrzehnte an einer Reihe unserer Seen beobachtet wurden. Je länger man die Zeit ausdehnt, auf die sich eine solche Unter- suchung erstreckt, desto größer werden diese Unterschiede zwischen den Extremwerten; sie betragen z. B. für den Bodensee und den Traunsee etwa 3½ m, für den Hallstättersee 3 m, für den Mondsee 2½ m.

Obwohl diese Spiegelbewegungen auf überwiegend natürliche Ursachen zurückgehen, kann man sie nicht für eine Eingrenzung des „Zulässigen" ver- wenden. Auf der Suche nach besseren Kriterien findet man z. B. Angaben über die von Jahr zu Jahr verschieden großen „Jahresamplituden", das heißt, den Unterschied des Höchst- und Tiefststandes während eines Kalenderjahres. Je nach dem Auftreten von Hochwasserständen fallen diese Werte zwar recht verschieden aus; über längere Jahresreihen gemittelt, geben sie aber doch ein annehmbares Bild des Spatiums, das für den betreffenden See als normaler Schwankungsbereich erachtet und damit als „natürlich" angesehen werden kann. Wegen der Mittelung, in der Jahre mit großer Schwankung ebenso enthalten sind wie solche mit kleiner Schwankung, und wegen der Einschrän- kung auf Jahresamplituden sind die Werte fühlbar kleiner als die vorhin an- gegebenen: am Bodensee rund 2 m, am Hallstättersee und Traunsee etwa 1½ m, am Mondsee und Attersee zirka 1 m und an zwei zum Vergleich noch herangezogenen Kärntner Seen, dem Millstättersee und dem Wörthersee, bloß ½ m. Es geht heute bestimmt nicht um derartige Festlegungen; aber ich wollte doch einen gewissen Anhaltspunkt dafür geben, mit welchen Größen man hier zu rechnen hat, wenn man sich weder utopischen Vorstellungen über die an solchen Seen möglichen Eingriffe hingibt, noch die Tatsache über- sieht, daß jetzt schon überwiegend natürlich bedingte Schwankungen regel- mäßig auftreten. Ich übersehe dabei keineswegs, daß in Einzelfällen die wasser- wirtschaftlichen Ansprüche an Seen in einer anderen Größenordnung liegen.

Wir müssen daher diese Extreme als von uns Menschen keineswegs mehr erwünschte Erscheinungen ausschalten und uns mehr an die Maße halten, die die Natur gewissermaßen regelmäßig einhält, indem sie den durch starke Regenfälle oder Schneeschmelze entstandenen hohen Wasserständen und den durch Trockenzeiten oder winterliche Eisbildung in den Zuflüssen entstandenen niederen Wasserständen entsprechen. Man wird sagen können, daß sich die gesamte Natur rund um einen See auf derartige n o r m a l e Schwankungen eingestellt hat, wodurch ein meist deutlich erkennbarer Ufersaum entsteht, durch den man den gewöhnlich beanspruchten Raum der Gewässer gegenüber dem trockenliegenden oder nur selten überfluteten Land abtrennt. Auf diesen Umstand hat sich die Pflanzenwelt ebenso eingestellt wie die Tierwelt, und es wäre beinahe das Gegenteil von Naturschutz, wollte man dieses Spatium zwischen üblichem Maximum und Minimum noch durch künstliche Maßnahmen verringern. Man wird daher auch sagen können, daß es keine Beeinträchtigung der natürlichen Verhältnisse ist, wenn sich zunächst rein höhenmäßig betrachtet die Bewirtschaftung eines Sees in diesen Grenzen hält. Etwas anderes ist es mit der Zeitspanne, in der diese hier gedachten Veränderungen stattfinden, und hier kommen wir selbstverständlich in eine viel schwierigere Lage, weil die Schwankungen, die unsere Seen mitmachen, von Natur aus viel seltener und viel langsamer eintreten, als wenn die Wasserwirtschaft sich dieser Möglichkeit bedient. Dabei werden Schädigungen an felsigen Ufern sicherlich viel seltener auftreten als bei sandigen und kiesigen, bei denen häufige und plötzliche Wasserstandsveränderungen zu Auswaschungen und schweren Nachbrüchen führen können. Solche Erscheinungen sind vorwiegend beim erstmaligen oder zu raschen Absenken eines Sees eingetreten; man wird Senkungsgeschwindigkeiten von weniger als 10 cm pro Tag einzuhalten haben, um halbwegs sicher zu gehen. Es muß also unter Umständen der Eintritt ungünstiger Auswirkungen an einzelnen Stellen eines Seeufers befürchtet werden; aber es gibt technische Mittel, ihnen weitgehend vorzubeugen, wenn die Wasserwirtschaft dennoch derartige Maßnahmen erfordert. Aber meistens ist es gar nicht die Natur, die sich in erster Linie gegen derartige Maßnahmen auflehnt, sondern es sind die Uferanrainer, die wegen der Schädigung ihrer eigenen Belange das Wort ergreifen und der stummen Natur lebhaft sekundieren. Immerhin glaube ich mit diesen Ausführungen erste Richtlinien gegeben zu haben, die beim Schutz unserer Seen vor ungebührlicher Inanspruchnahme zu beachten sind.

## Gefährdung der Wassergüte

Bisher war hauptsächlich von den willkürlichen Veränderungen der Spiegelhöhe eines Sees die Rede. Zu diesem Problem ist im letzten Jahrzehnt in einem vorher unbekannten Ausmaß und mit einer a l l e s andere ü b e r - s c h a t t e n d e n  D r i n g l i c h k e i t das Problem der E r h a l t u n g  d e r  G ü t e unseres Wassers getreten. Auch diese Frage ist nicht isoliert zu be-

trachten, sondern nur in Verbindung mit der gleichgelagerten Gefährdung
der Beschaffenheit unseres Flußwassers, das hier und heute nicht zur Debatte
steht. Die Ausdehnung aller Siedlungen entlang unserer Seen, die Anlage
neuer Industrien, die erhöhte Inanspruchnahme des Wasserschatzes im ganzen, all' das wirkt sich so aus, daß der Zustand unserer Seen von dieser
Seite her oft alarmierend gefährdet ist.

Bevor ich auf diese Gefährdung und ihre Abwendungsmöglichkeiten ein-
gehe, muß ich noch begründen, warum uns Wasserbautechnikern der Schutz
unserer Gewässer und insbesondere auch unserer Seen so sehr am Herzen
liegen muß. Ein gutes Wasser ist die Voraussetzung für das natürliche Leben
der Pflanzen- und Tierwelt in und an den Ufern unserer Seen. Über die Gefährdung, die die Fische erleiden, wird von anderer, berufener Seite gesprochen werden. Ich habe hier zunächst darauf zu verweisen, daß in der Tiefe
unserer Seen ein nur langsam sich erneuernder Vorrat an gutem Wasser ruht,
der in manchen Fällen schon jetzt, in anderen Fällen in der Zukunft für die
Versorgung von Gebieten und größeren Städten herangezogen werden kann,
sofern seine natürliche gute Beschaffenheit erhalten bleibt. Man darf sich
die Durchströmung eines Sees nicht so vorstellen, als ob er in jedem Quer-
schnitt gleichmäßig durchströmt wäre. Die Forschung hat erwiesen, daß sich
die Strömung zwischen dem Hauptzubringer und dem Ausfluß des Sees in
bestimmten Bahnen bewegt, die zwar von den Temperaturverhältnissen beeinflußt werden, aber doch kann im großen und ganzen diese Strömung nicht als
eine gleichmäßige Erneuerung des Wasservorrates angesprochen werden, sondern sie ist eher als eine Durchzugsstraße anzusehen, neben der sich eine
verhältnismäßig in Ruhe befindliche Wassermasse befindet. Dieser eben be-
schriebene Zustand setzt selbstverständlich eine Tiefe von 50, 100 oder mehr
Metern voraus. Für flache Seen gilt das, was ich gesagt habe und noch sagen
will, nicht. In den tieferen Seen aber ruht diese nur einer langsamen jahres-
zeitlichen Umschichtung ausgesetzte Wassermasse, die wegen ihrer gleich-
mäßigen und im allgemeinen dem Jahresmittel der umgebenden Landschaft
angepaßten Temperatur, die bei uns im Sommer verhältnismäßig kalt, im
Winter aber verhältnismäßig warm ist, sehr günstige Vorbedingungen für
Wasserversorgungszwecke besitzt.

Das bekannteste in letzter Zeit verwirklichte Projekt für eine derartige
Wasserversorgung aus dem Seewasser stellt der Überlingersee als Teil des
Bodensees dar, der für Stuttgart und eine Anzahl zwischen dem Bodensee
und Stuttgart gelegener kleiner Städte die Basis ihrer Wasserversorgung darstellt. Auch der Zürichsee wird seit vielen Jahren für die Wasserversorgung
der größten Stadt der Schweiz mit herangezogen. Es ist wahrscheinlich, daß
auch bei uns ähnliche Pläne im Laufe der nächsten Jahrzehnte zur Verwirk-
lichung kommen; zur Erörterung steht seit mehreren Jahren das Projekt der
Wasserversorgung der Stadt Salzburg aus dem Fuschlsee. Daher sind wir in
der Gegenwart verpflichtet, diesen Wasserschatz, den unsere tieferen Seen

bergen, vor Verschmutzung und Veränderung des natürlichen Zustandes zu
sichern. Wir haben es hier mit dem Problem der sogenannten Überdüngung
des Seewassers durch Einleitung von Abwässern zu tun, die der See deshalb
nicht zu verarbeiten vermag, weil in ihm nicht entfernt jene die Stoffumsetzung
und Sauerstoffanreicherung begünstigende Bewegung herrscht wie in unseren
rascher fließenden Gewässern. Wenn nun durch eine übertriebene Einleitung
von häuslichen Abwässern die Reinigungsbilanz zwischen pflanzlichen und
tierischen Organismen gestört wird, so ist der See schon durch in einem Fluß
vielleicht noch vertretbare Einleitungen aus dem eben erwähnten Grund gefährdet. Mindestens so gefährlich sind die Einleitungen industrieller Abwässer, bei denen es sich sehr oft einfach um Stoffe handelt, die auf Lebewesen
als Gifte wirken oder andere Eigenschaften besitzen, die das Wasser für den
menschlichen Genuß oder für die gewerbliche Verwendung ungeeignet machen.

Einer der Fälle, in denen die klärende Leistungsfähigkeit eines Sees ausgesprochen überfordert war, ist der Zellersee im Salzburgischen, der jetzt nach
Unerträglichwerden der Zustände infolge Einleitung häuslicher Abwässer
durch eine Klärung der Abwässer der verhältnismäßig großen Stadt Zell am
See wieder saniert wird. Daß schließlich Badeseen an ihren Ufern durch Einleitung von Kanälen vollkommen unappetitlich werden, ist eine leider nur zu
oft beobachtete Tatsache.

Das Besondere ist nun, daß es entlang von Flüssen, die an sich hinsichtlich der „Verdauung" von Abwässern leistungsfähiger sind, auch leichter ist,
Kanalisationsanlagen anzulegen als an Seen. Man ist gezwungen, die Kanalisationen zunächst etwas höher anzulegen, als der Seespiegel liegt, weil es bei
der geologischen Beschaffenheit unserer Uferstrecken zu sehr hohen Kosten
führen würde, im Grundwasser unter Seespiegelhöhe tiefere Aushübe für die
Verlegung von Kanalrohren und ihren Anschlüssen vorzunehmen. Das ist ja
auch die Ursache, warum wir sehr oft die primitiven Kanalausleitungen an
unseren Seen dann zu sehen bekommen, wenn der See einen stärkeren Tiefstand erreicht. Technisch ließe sich das Problem zwar lösen, denn die mit
wenigen Promille Gefälle entlang eines Uferstreifens verlegten Kanalisationen
müssen dann mit Pumpanlagen ausgestattet werden, damit von Strecke zu
Strecke der Abfluß in den Kanälen möglich ist und letzten Endes die zu klä-
renden Abwässer in eine Kläranlage eingeleitet werden können, um von dort
weg dann einem Vorfluter und nach Möglichkeit dem See überhaupt nicht
wieder zugeführt zu werden.

Es hat in vielen Fällen Jahre gedauert, bis man auf diese Gefahren so
aufmerksam wurde, daß man an Abhilfemaßnahmen gedacht hat; aber es ist
wohl ohne weiteres verständlich, daß ein See, dessen Wassermasse durch Einleitungen im Laufe vieler Jahre allmählich verdorben wurde, nach Abstellung
dieser Einleitungen auch einer gewissen Zeit bedarf, um sich wieder zu erholen und das Wasser wieder so verwendungsfähig zu machen, wie es ur-
sprünglich gewesen ist. Es ist auch klar, daß diese Maßnahme sich nicht auf

den See allein beschränken darf, sondern daß sie auch den Zustand an den Zubringern eines Sees berücksichtigen und verbessern muß, denn sonst würde man ja eine halbe Maßnahme ergreifen, die bekanntlich die Nachteile nicht beseitigt und nur Kosten verursacht.

Wie man zur Beschleunigung der Verbesserung des Zustandes eines Sees vorgehen kann, habe ich vor kurzem an einem kleinen Schweizer See in Wirksamkeit gesehen. Es handelt sich dort um einen in die Moorlandschaft eingebetteten kleineren See — der Fläche nach etwa doppelt so groß wie der Vordere Gosausee, aber eine viel flachere Wanne ausfüllend —, der auch von den Gefahren bedroht ist, die hier erwähnt wurden. Dort hat man nun auf einem großen Floß folgende Einrichtung gebaut: Das Floß ist verankert, vom Land führt eine vielleicht 200 m lange dünne Kunststoffrohrleitung zu diesem Floß und mündet dort in ein weites Rohr aus, das mehrere Meter in die Tiefe des Wassers hinunterreicht, also noch unter die der unmittelbaren Erwärmung unterworfene Schichte. Ich muß hinzufügen, daß der See nur von einem kleinen Einzugsgebiet Wasser erhält und dementsprechend auch der Abfluß ein unbedeutendes Bächlein ist. Am Land befindet sich eine starke Luftpumpe, die durch die Kunststoffrohrleitung in die von mir eben erwähnte, in das Wasser eintauchende weite Rohrleitung Luft einpreßt. Der Druck und die Menge der eingepreßten Luft genügen, um eine Ejektorwirkung zu erzielen, die sich dadurch äußert, daß die im weiten Rohr befindliche Wassersäule nach oben hinausgedrückt wird, stark mit Luft vermischt aus dem Rohr emporquillt und von dort aus nach allen vier Seiten in Holzgerinnen verteilt abfließt. Wie ich mich überzeugt habe, ist das so gehobene Wasser noch in 20 oder 30 m Entfernung mit der Hand als wesentlich kühler zu erkennen als das umgebende Seewasser. Außerdem wird die so behandelte Wassermenge dank der Anreicherung mit Luft in ihrer Güte sehr verbessert. Die Wirkung äußert sich biologisch darin, daß in der weiteren Umgebung dieser im See befindlichen Anlage mehr und edlere Fische anzutreffen sind, die diesem sozusagen aufbereiteten Wasser gegenüber dem sonst schlechteren Seewasser den Vorzug geben. Was die Fische nicht wissen, ist, daß sich auch die Fischer diesen Umstand zunutze machen. Ich habe Ihnen dieses Beispiel angeführt, weil es meines Wissens das erste ist, bei dem man den Versuch gemacht hat, durch Aufbereitung von Wasser mit Hilfe von Druckluft und durch Heranziehung des schon in einigen Metern Tiefe stehenden kühleren Wassers eine gewisse Umwälzung herbeizuführen, deren Einfluß auf den ganzen See sich natürlich nur im langzeitigen Dauerbetrieb geltend machen wird, die aber ohne weiteres auch vervielfacht oder in wesentlich größerem Maßstab ausgeführt werden kann, um vielfach auch anderswo segensreich zu wirken.

Was ich in diesem Zusammenhang hervorheben will, ist die Tatsache, daß sich in solchen Fällen der Wasserbau ganz auf der Linie des Naturschutzes bewegt, um die Verbesserung eines Zustandes herbeizuführen, allerdings erst, nachdem derselbe mehr oder weniger untragbar geworden ist. Ich möchte aber darauf hinweisen, daß ganz allgemein die argen und ärgsten Sünden, die in der Frühzeit des Wasserbaus und insbesondere auch des industriellen Wasserkraftbaues an manchen unserer Seen begangen wurden, dank einer geänderten, für den Naturschutz viel verständnisvolleren und überhaupt die Belange der Allgemeinheit stärker berücksichtigenden Einstellung der Behörden und dank der jetzt gegebenen wasserrechtlichen Verhältnisse kaum mehr begangen werden können. Es ist also so, daß zwar die Anlagen, die unsere Seen gefährden können, immer größer werden, daß aber auch die Gegenkräfte zunahmen und das Gesetz und die öffentliche Meinung manches nicht mehr dulden würde, was man vor 50 oder 60 Jahren hinnehmen zu müssen geglaubt hat. Mit dieser Auffassung bin ich zwar manchmal ein bißchen ein Prediger in der Wüste, aber ich stehe nicht an, mich hier zu dem Gedanken zu bekennen, daß die Vermeidung von Fehlern der heute hier zur Sprache kommenden Art auch für die Wasserwirtschaft und die Wassernutzung im Großgewerbe aller Arten deshalb gute Früchte tragen wird, weil sie die Abneigung und den Widerstand aller öffentlichen Funktionäre gegen die Nutzung unserer Gewässer zu mildern geeignet ist. Man mag was immer über die Macht der Industrie, des Kapitals und des Geldes sowie auch über die Ansprüche des den Gemeingebrauch am Wasser ausübenden „kleinen Mannes" denken, es erweist sich doch auf die Länge der Zeit, daß nur in vernünftigem Ausmaß gehaltene Ansprüche und Anforderungen durchgesetzt werden können. Durch die ruhig abwägende Einschätzung dessen, was beiderseits verlangt werden kann, wird auch für die eine Bewilligung suchenden Ansprüche eine richtigere Grenze gezogen, als wenn unter Hinweis auf diesen und jenen Fall schädlicher und über das zumutbare Maß hinausgehender Nutzung unserer Seen die ganzen Bestrebungen der Wasserwirtschaft in Mißkredit geraten und die vertretbare Nutzung unserer Seen nicht zum Zuge kommen kann.

## Flußstau und Speicher

Das, was ich zuletzt sagte, ist nun der gegebene Übergang zu einem Hinweis auf jene Gruppe von Seen, bei deren Erschaffung, wenn ich so sagen darf, schon der Naturschutz mitspricht — ich meine die in zunehmender Zahl entstehenden künstlichen Seen, die Stauseen. Wir haben dafür in Österreich bedeutende Beispiele, wie das des Donaukraftwerkes Jochenstein, dessen rechtes Ufer fast ganz auf österreichisches Gebiet entfällt, und das vom Donaukraftwerk Ybbs-Persenbeug. Wir werden in zwei Jahren den Stau des Donaukraftwerkes Aschach haben, der einen See von 40 km Länge und einer Fläche ähnlich der des Hallstätter Sees aufweisen wird. Wir haben die Kette der Stauseen am Inn, die gerade in jüngster Zeit durch eine neue Stufe verlängert wurde, und wir haben an der Enns sechs Stauseen, von denen der oberste bei Großraming sich vielfach in die Nebentäler verzweigt und es mit manchem natürlichen See an Schönheit der Lage aufnehmen kann. Auch am Kamp in

Niederösterreich sind drei vielbesuchte Stauseen entstanden. Dazu kommen noch kleinere Staubecken, wie etwa im Mühlviertel das schon vor bald 40 Jahren entstandene an der Großen Mühl bei Neufelden und der vor 10 Jahren neu geschaffene Rannasee zwischen Altenhof und Oberkappel oder der Packer Stausee in der Steiermark. An der Drau sind Stauseen entstanden, deren Größenordnung den vorerwähnten an der Enns entspricht. An der Mur bestehen sie schon länger in kleinerem Ausmaß und haben dort, was keineswegs geleugnet werden soll, wegen der so ungünstigen Beschaffenheit des verschmutzten Murwassers zu manchen Schwierigkeiten geführt. Dann sei aber auf die prächtigen, im Hochgebirge gelegenen Stauseen verwiesen, wie Lünersee, Vermuntsee, Silvretta, Kaprun, zu denen in den nächsten Jahren weitere kommen werden. Wenn man vergleicht, was in früheren Jahren entstanden ist und was jetzt entsteht — ich meine einen Vergleich nicht in technischer Hinsicht, sondern im Hinblick auf das, was für den Naturschutz geschehen ist —, so ist ohne Zweifel ein bedeutender Fortschritt zu verzeichnen, der einigermaßen die zunehmende Umwandlung so großer Flußstrecken, wie es die österreichische Donau oder die oberösterreichische Enns oder die Kärntner Draustrecke sind, auszugleichen vermag. Es wurde auch in allen Fällen anerkannt, daß dank der Heranziehung naturwissenschaftlicher Experten sich an den Seeufern neue Lebensmöglichkeiten und Lebensräume gebildet haben. Es liegt hier gewiß zunächst ein sehr bedeutender Eingriff in die natürlichen Verhältnisse eines Gewässers vor, aber es darf nicht verkannt werden, daß diese neugebildeten Seen sich im Laufe der Jahrzehnte wahrscheinlich so in das Gefüge der Landschaft und in das Bewußtsein der Anwohner eingefügt haben werden, wie dies in den einleitenden Sätzen meines Vortrages hinsichtlich der alten Seeklausen bei den natürlichen Seen festgestellt wurde. Gewiß sieht man diesen Seen auch oberhalb der Wehre noch auf viele Jahrzehnte hin das „Unnatürliche" ihres Entstehens an, daß es sich also um künstliche Seen handelt; aber andererseits ist doch bei ihrer Anlage schon auf manches Rücksicht genommen worden, woran man früher weniger oder gar nicht gedacht hat; es wäre ein Mangel meiner Ausführungen gewesen, wenn ich vom Schutz unserer Seen gesprochen hätte, ohne darauf hinzuweisen, daß auch auf den Schutz der künstlichen Seen, die in zunehmendem Maße das Bild unserer schönen Landschaft, ich darf wohl sagen, oft bereichern, nicht vergessen werden darf.

Allerdings muß ich an dieser Stelle auch auf einen sehr wesentlichen Umstand verweisen, der die ungleich raschere Vergänglichkeit des Menschenwerkes gegenüber den Schöpfungen der Natur stark erkennen läßt. Unsere künstlichen Seen, insbesondere die an den großen geschiebeführenden Flüssen, wie etwa Inn oder Drau, sind stärker der V e r l a n d u n g ausgesetzt als die großen natürlichen Seebecken. Es ist daher anzunehmen, daß in ein oder zwei Generationen die Verlandung vieler künstlicher Seen schon weit fortgeschritten sein wird, wenn nicht Technik und Wirtschaft sich dazu entschließen, dem

Problem der Verlandung mit viel größerer Energie zu begegnen, als das in
der Vergangenheit und bis jetzt der Fall war. Die Verlandung des bayrischen
Saalachsees bei Reichenhall, die Verlandung des Stausees von Steyrdurchbruch
in Oberösterreich sind nahe Beispiele dafür, die sich anderswo wiederholen.
Aber auch wenn man von den Höhen des Schafberges auf die Seen, die seinen
Fuß begrenzen, herunterschaut, kann man die starken Verlandungskegel
beobachten, die etwa der Zinkenbach gegenüber St. Wolfgang und die
Fuschlerache bei St. Lorenz am Mondsee gebildet haben; wenn man damit
das bescheidene Delta vergleicht, das die den Mondsee mit Unterach ver-
bindende Seeache im Attersee hervorgerufen hat, gegenüber den Schotter-
kegeln benachbarter kleiner Zubringer, so erhält man einen guten An-
schauungsunterricht über die Umformung, denen unsere Seen unterliegen,
und ihre Ursachen. Je nachdem, ob der Zustrom aus einem geklärten Wasser
kommt, wie im Falle der Seeache, oder aus einem stark schotterführenden,
wie in Obertraun am Hallstättersee, ist die Deltabildung gering oder bedeutend. Wenn ich vorhin von Zeiträumen von Generationen gesprochen
habe, so muß man hier zwar von geologischen Zeiträumen sprechen, aber
doch von solchen der kürzesten Dauer, die wir in dieser Wissenschaft unter-
scheiden, und es läßt sich durchaus absehen, wann z. B. der Wolfgangsee, wo
die Verhältnisse ähnlich wie in Interlaken gelegen sind, in einen oberen und
einen unteren See zerschnitten sein wird, die nur durch ein flußähnliches
Gerinne miteinander in Verbindung stehen. Die Geographie kann viele derartige Fälle aufzählen. Es greift knapp über mein Thema hinaus, wenn ich darauf verweise, daß die W i l d b a c h v e r b a u u n g dieser Seenverlandung
in allerdings kleinem Ausmaß Einhalt zu gebieten in der Lage ist, so daß auch
dieser segensreiche Zweig unserer staatlichen Verwaltung als ein Schutz für
alpine Seen anzusprechen ist.

Die Einwirkungen, die Wasserbau und Wasserwirtschaft des Menschen
auf die Seen haben, sind also mannigfacher Art, aber nur ein Teil muß als
von vornherein schädlich und in hohem Grad verhinderungswert angesehen
werden. Davon wird wohl in den folgenden Vorträgen viel die Rede sein.

*Zahlreiche Nachteile, die der Mensch in seinem Ausbreitungsdrang an
unseren Seen verursacht, lassen sich durch technische Mittel beseitigen, bekämpfen oder auf ein tragbares Ausmaß zurückführen. Nur dürfen die
Öffentlichkeit, der Staat, die Länder und Gemeinden, mithin wir alle, nicht
glauben, daß das ohne große Aufwendungen möglich ist und daß es hier mit
kleinen und kleinlichen Mitteln abgetan sein könnte. Die Reinhaltung unserer
Gewässer und damit als Teilproblem auch die Reinhaltung unserer Seen ist
eine der großen Aufgaben, die der lebenden Generation gestellt sind und
die die kommende zu lösen haben wird. Einen Anstoß dazu zu geben ist
unsere Tagung berufen, und der Naturschutzbund wie der Wasserwirtschaftsverband werden sich in der Förderung dieser Bestrebungen weitgehend die
Hände reichen.*

18

Dr. Wilhelm E i n s e l e, Leiter des Bundesinstitutes für Gewässerforschung und Fischereiwirtschaft, Scharfling am Mondsee:

# Seenschutz und Fischerei

W a s s e r - u n d  G e w ä s s e r p r o b l e m e haben in den letzten Jahren die Öffentlichkeit in ihrer ganzen Breite erfaßt: Mit vollem Recht, denn die mit ihnen zum Ausdruck kommenden wirtschafts-, ja lebensentscheidenden Fragen sind weit über das Fachliche hinausgewachsen und zum dringenden Anliegen aller geworden.

Vielleicht ist es zunächst am wichtigsten zu versuchen, eine begriffliche Scheidung der so verschiedenartigen Sachverhalte zu versuchen, die unser Thema umfaßt: In vielen Veröffentlichungen, vor allem aber in den Schlagzeilen der Presse, wird, wenn von der Schädigung unserer Gewässer die Rede ist, eigentlich nur von *Verschmutzung* gesprochen. Dieser Begriff ist aber viel zu unpräzis, um all das korrekt und wesenstreffend zu charakterisieren, was an unseren Gewässern in Richtung Schädigung, ja Entwertung und Zerstörung, praktiziert wird: Nur wenn man klare Begriffe hat, kann man klar und sachrichtig urteilen und unterrichten!

Wenn publizistisch von Seenverschmutzung gesprochen wird, so werden darunter zunächst einmal alle jene Wirkungen verstanden, welche von häuslichen oder industriellen Abwässern ausgehen und welche der Fäulnis — neutraler gesagt, dem biologischen Abbau — unterliegen. Man nennt es aber meist auch Verschmutzung, wenn in ein Gewässer nicht eigentlich der Fäulnis anheimfallende Stoffe gelangen. Wir meinen hier unbrauchbar gewordenen Hausrat oder andere Abfallprodukte unserer technischen Zivilisation, alte Autoreifen, Maschinenteile, Bauschutt oder ähnliches. Solcher Art Beeinträchtigungen sind hygienisch-fischereiwirtschaftlich kaum bedenklich, in ihrer Widerwärtigkeit aber — vielleicht würde man richtig von *Verwahrlosung* sprechen — können sie die Gemüts- und Schönheitswerte eines Sees viel mehr herabsetzen als etwa die Abwässer der die Seeufer begleitenden Bauernhöfe.

Man sollte sich auch hüten, von Verschmutzung oder gar Verseuchung eines Sees zu reden, dort wo es sich um lokale Abwasserwirkungen im Uferbereich von Zuflüssen handelt. Es klingt zwar sensationeller, wenn gesagt wird: *der X-See ist verschmutzt*, als wenn man berichtet, die und die Partien seines *Strandbodens* zeigen Erscheinungen, die auf übermäßige lokale Abwasserwirkung zurückgeführt werden müssen. Man soll brennende Probleme

— und es gibt an unseren Seen übergenug —, die rasches Handeln zum
dringenden Gebot machen, zwar dramatisieren, weil man damit ihrem Wesen
entspricht, trotzdem aber soll man sich vor Übertreibungen und mehr noch
vor unzutreffenden Verallgemeinerungen hüten!

Der Verwahrlosung der Seen, von der wir sprachen, kann eine ganze
Reihe weiterer sachlich und begrifflich „selbständiger" Schädigungen zugesellt
werden: See-Einbauten, der Motorbootverkehr und die krafttechnische Nutzung sind weitere solche Schadwirkungskomplexe. Ein gemeinsamer, zusam-
menfassender Oberbegriff (den Begriff der Verschmutzung haben wir als
hierfür unbrauchbar verworfen) wäre wünschenswert und nützlich. Ich möchte
vorschlagen, allgemein von B e l a s t u n g e n zu sprechen. Es sollten darunter ganz ausgesprochen Beeinflussungen durch die Tätigkeit des Menschen,
d. h. durch die technisch orientierte Zivilisation verstanden werden, also
1. durch unsere Wirtschaft und 2. durch alles, was der Mensch glaubt begehren zu sollen und haben zu müssen.

Der Begriff (auch seine Unterbegriffe) „Belastung" erlaubt Abstufungen
innerhalb seiner selbst: Es kann von tragbaren oder von zumutbaren Belastungen und von Überlastungen gesprochen werden. — Folgende, wie mir
vorkommt, gut begrenzte und praktisch brauchbare Unterbegriffe könnten
unterschieden werden.

1. Die Belastung mit fäulnisfähigen (organischen) Stoffen.
2. Die Belastung mit düngenden mineralischen Stoffen.
3. Die Belastung mit löslichen und festen mineralischen Stoffen, welche keine
   direkten produktionsbiologischen Wirkungen ausüben (Beispiele: Abwässer
   der Magnesitindustrie, der Sodaindustrie).
4. Die Belastung durch „echte" Gifte, d. h. in minimalen Mengen physiologisch wirksame Stoffe.
5. Belastungen, welche gewässerverwahrlosend wirken (Beispiele: Einbringen
   von zerbrochenem Geschirr, sonstigem Gerümpel, alten Fahrzeugen u. dgl.).
6. Uferverbauungen und See-Einbauten.
7. Der Motorboot-Verkehr auf den Seen.
8. Lagern, baden, Camping u. dgl.
9. Die krafttechnische Wassernutzung.


Zum zuletzt genannten Thema wurde von meinem Vorredner, quasi die
Technik in Schutz nehmend, gesagt, daß ja nicht nur der Kraftwerksbau den
Wasserstand von Seen manipuliere, sondern daß Wasserstandsschwankungen
auch etwas normal-natürliches (wenn auch nicht genau das Gleiche) seien.
Das läßt sich hören, denken Sie, und ohne Zweifel war es ganz aufrichtig
gemeint. Und doch liegt hier ein Fall vor, wo Zwei nur *anscheinend* Ähnliches tun. Mit anderen Worten: Die Unterschiede sind bei näherem Zusehen
größer als man zunächst vermuten möchte. Der Biologe findet nämlich zwischen den beiden, grob rahmenmäßig nahverwandten Erscheinungen, *grund-*

*legende* Verschiedenheiten. Ihr Auftreten, so weist er nach, kann im ersten Fall verheerende Folgen haben, im zweiten aber sind sie nicht weiter tragisch zu nehmen: Wenn — so der erste Fall — ein See im Zuge der hydroelektrischen Nutzung eines Flusses als Schwellbetriebsspeicher in Anspruch genommen wird, so schwankt sein Spiegel meist tagesperiodisch, d. h. ein bestimmter Uferstreifen wird meist täglich überflutet und wieder trocken. Viele Fischarten nun legen ihren Laich mit Vorliebe bei steigendem Wasser in der äußersten Seichtregion ab, bei zurückgehendem Wasser fällt der Laich trocken und geht zugrunde. So kann es bei kurz-periodischen Spiegelschwankungen zu vernichtenden Schädigungen am Nachwuchs kommen. Natürliche Schwankungen hingegen gehen meist langsam vor sich und treten außerdem nicht in jedem Jahr in den gleichen Zeitperioden auf: Unter extremen Umständen kann es schon sein, daß auch infolge natürlicher Schwankungen die Nachkommenschaft der Fische leidet. Doch werden solche Verhältnisse nicht in jedem Jahr auftreten, und wenn sie sich ereignen, so werden im gleichen Jahr *nicht*, wie im „künstlichen" Fall, *alle* uferlaichenden Fischarten geschädigt, sondern in der Regel nur eine, denn *das Laichgeschäft* aller in Frage kommenden Arten erstreckt sich auf mehrere Monate, ein natürliches Hochwasser und sein Rückgang vollziehen sich jedoch meist innerhalb weniger Tage. Im Traunsee z. B. laichen die in Frage kommenden Fische von März bis Juli, beginnend mit dem Hecht und den Rotaugen und endend mit den Schleien. Auch der wichtigste Traunseefisch — die Reinanke — ist ein Uferlaicher (Laichzeit Mitte November bis Mitte Dezember), dessen Laich durch Spiegelschwankungen vernichtet werden kann. In meinen ausführlichen Darlegungen zum Problem Wasserkraftplanung an der Traun werden die Belange der Fischerei im Licht der Wasserspiegelschwankungen ausführlich behandelt (s. Lit.-Verz. Nr. 4, S. 41—45).

Gleich anschließend möge noch ein zweiter hierher gehörender Fall (und gleichzeitig ein weiteres Beispiel) besprochen werden, der die grundverschiedenen Auswirkungen anscheinend gleicher Ursachen noch drastischer demonstriert: Auch hier zeigt sich — es handelt sich um gewisse Wirkungen ufernaher Wellen — wieder die Gefährlichkeit der technisch-zivilisatorischen Kräfte und die relative Harmlosigkeit der im Prinzip gleichen natürlichen: So hört man Motorschnellboot-Vandalen (durch deren ufernahes Rasen Jungfische und Brut ans Land geworfen werden, wo sie elend zugrunde gehen) sagen, jeder Sturm verursache weit stärkere Wellen als ihre Boote und gefährde somit die Fische viel mehr. Solche Äußerungen erweisen nur die Asphaltverbundenheit dieser Herren. Sie fahren ja bei schönem Wetter und glattem See, und der durch sie verursachte künstliche Wellenschlag überrascht die sich ahnungslos und ungefaßt am Ufer tummelnden Jungfische. Ein Sturm hingegen kündet sich vorher an, und die mit Schutzinstinkten wohl ausgestatteten Fische ziehen sich in die schützende Tiefe zurück, lange bevor die Lage für sie bedrohlich wird.

*

Kehren wir zurück zum Anfang der eingangs aufgestellten Begriffsdisposition. Über die zusammengehörenden Themen 1 und 2, die Belastung unserer Seen mit fäulnisfähigen und mit düngenden mineralischen Stoffen, wäre unendlich viel zu sagen. Für die Fischerei besonders wichtig ist die Frage: Wieviel sauerstoffzehrende, d. h. fäulnisfähige Stoffe vermag ein See zu verdauen? Daß diese Menge auch bei großen Seen, wie etwa dem Bodensee oder dem Zürichersee, begrenzt ist, haben in den letzten Jahren aufgetretene drastische „Erscheinungen" und umfangreiche Untersuchungen bewiesen. Immer mehr Seen gehen den Weg in den biologischen Abgrund oder sind von diesem Schicksal bedroht. Beim stark durchfluteten Traunsee ist es trotz gewisser, die Sauerstoffregeneration hemmender Einflüsse noch nicht so weit, und es wird auch, wenn nicht Außergewöhnliches passiert, nicht so leicht dahin kommen. Was übrigens hieße „Außergewöhnliches" im Fall des Traunsees? Nun, die Abwässer einer einzigen Fabrik mit einem Ausstoß gleich dem der Papierfabrik Lenzing würden genügen, ihn innerhalb kurzer Zeit (als oligotrophen Renkensee!) völlig zu zerstören. Es kann nicht oft genug ausgesprochen werden: *Auf keinen Fall* dürfen große Fabriken (am besten überhaupt keine) oberhalb unserer Seen errichtet werden, welche diesen fäulnisfähige organische oder düngende mineralische Abfallstoffe zuführen. Dazu muß, auch in dem engen uns hier gezogenen Rahmen, auf ein Phänomen verwiesen werden, welches beim organischen Auf- und Abbau in den Seen eine überragende und unter gewissen Umständen katastrophalunheilvolle Rolle spielt.

Vorausgeschickt sei, daß die Meinung weit verbreitet ist, daß alle wesentlichen Gefahren gebannt wären, wenn wir mit der Einleitung fäulnisfähiger organischer Stoffe in unsere Seen Schluß machten. Das ist ein schwerer Irrtum. Die *vollbiologische Reinigung* in Kläranlagen, die quasi als Heilschlagwort vielfach propagiert wird, ist keineswegs ausreichend, die Gefahr der Überlastung eines Sees zu bannen, denn wichtige anorganische Nährstoffe, vor allem die Phosphorsäure, bleiben dabei unverändert und undezimiert erhalten und können über die jeweiligen Vorfluter in die Seen gelangen, wo sie sich rasch wieder (da sie dort alle anderen für die organische Produktion notwendigen Bedingungen vorfinden) in organische Substanz umsetzen.

Mit dem Phosphat nun hat es, physiologisch und produktionsbiologisch gesehen, eine ganz besondere Bewandtnis: Sie ist, wie schon gesagt, so überragend-bedeutungsvoll, daß wir, obwohl hier keine Veranstaltung für eigentliche Fachleute stattfindet, auch hier darüber sprechen müssen. Ein kurzes allgemeines Vorwort muß eingeschaltet werden: Die organismische Produktion geht im Wasser im Prinzip genau so vor sich wie auf dem Land: Auch in einem Gewässer sind zum Aufbau organismischer Substanz Nährsalze, oder allgemeiner gesagt, düngende Stoffe notwendige Produktionsvoraussetzung. Eine entscheidende Rolle nun bei der Produktion gerade in unseren Seen spielt die Phosphorsäure. Als angehender Gewässerwissenschafter arbeitete ich am Bodensee speziell auf dem Gebiet des Kreislaufes dieses Stoffes. Die damaligen Studien ergaben, daß im Bodensee freie Phosphorsäure fehlte. Dafür sind (bzw. waren!) zwei Gründe maßgebend: Einmal war die Phosphorsäure der Mineralstoff, der *primär* Mangelware war, weshalb er die Rolle des die Produktion zwangsläufig in ziemlich niederen ("oligotrophen") Grenzen haltenden Nährstoffes spielte. — Damals fand ich auch, daß, zweitens, die pflanzliche Planktonwelt unserer Seen Phosphate in gewaltigem Ausmaß zu speichern vermag. Dies ist so zu verstehen, daß die Schwebe-Algen, wenn sie ihnen geboten werden, bis zu zwanzigmal mehr Phosphate in ihren Körper aufnehmen und dort festlegen können, als sie zum Aufbau der organischen Substanz, aus welcher sie bestehen, benötigen. Dieses *"Speicherphosphat"* kann, wenn die betreffenden Algen zerfallen, zur Ursache explosionsartiger Entfaltungen neuer Phytoplanktonvölker werden. (Phosphat kann auch von Bakterien festgelegt werden, usw.) Seen jedenfalls einverleiben zugeführtes Phosphat *weitgehend für immer* ihrem Produktions-Stammkapital.

Was bedeutet dieses Phänomen? Es bedeutet ganz einfach, aber biologisch schicksalsschwer: Wenn einem See dauernd größere Mengen Phosphorsäure zugeführt werden, als seinem biologischen *Produktions-Abbau-Gleichgewicht* angemessen ist, so muß es unweigerlich zur Katastrophe kommen; eben weil die Phosphorspeicherung zu einer sich immer mehr aufsummierenden bleibenden Anreicherung der Phosphate im See führt und, im Gefolge davon, zu einer immer mehr sich steigernden Erzeugung von Organismen, die, nach einer relativ kurzen *organismisch-lebendigen* Periode, als $O_2$-verbrauchende organische Stoffe abgebaut werden müssen. Die "Verdauungskraft" eines Sees ist jedoch nicht unbegrenzt, im Gegenteil, ihre Grenzen sind relativ rasch erreicht. Dies hängt vor allem damit zusammen, daß in einem See, infolge der Schichtung — d. h. des Abgeschlossenseins der Hauptmasse des Wassers von der Atmosphäre —, der Sauerstoffvorrat für eine Abbauperiode festliegend und relativ gering ist. See und Fluß sind, von hier aus gesehen, grundverschieden: Das fließende Wasser ist nicht geschichtet und verbrauchter Sauerstoff ergänzt sich relativ rasch durch Aufnahme aus der Luft. — Was folgt aus der geschilderten Verhaltensweise? Man kann einem See verhältnismäßig wenig an fäulnisfähigen organischen, aber auch an produktionssteigernden mineralischen Stoffen aufladen. Im Salzkammergut sind wir hinsichtlich solcher Belastungen noch gut dran. Selbst der Traunsee, dem durch die Traun beträchtliche Mengen an Hausabwässern und, von ihnen herrührend, düngende organische Stoffe zugeführt werden, ist sicher nicht überbelastet. Fischereilich gesehen ist er sogar unser fruchtbarster Reinwasser-Alpensee. Man dürfte aber auch ihn nicht mehr allzuviel belasten. Praktisch heißt dies, daß auf keinen Fall im Zuflußgebiet Betriebe geduldet werden könnten, bei welchen größere Mengen fäulnisfähiger oder düngender Abwässer anfallen. Dazu einige kurze Zahlenangaben.

1. Dem Traunsee stehen pro Jahr in der *tropholytischen Zone zum Abbau rund 20 Millionen Kilogramm Sauerstoff* zur Verfügung. [1]). Die am Traunsee seit vielen Jahren fortlaufend durchgeführten Sauerstoffuntersuchungen erlauben nun eine recht genaue Abschätzung des jährlichen „Verbrauches". Er beträgt etwa 4 Millionen Kilo, oder 20% des Vorrats. Es ist nicht *genau* bekannt, wieviel Nährstoffe, insbesondere Phosphate und fäulnisfähige Substanzen, dem See pro Jahr zugeführt werden: Unterhalb des Hallstätter Sees wohnen (dauernd) an der Traun und deren Zubringern 30.000 Menschen. Im Sommer mögen es bedeutend mehr sein und auch die Gewerbe- und landwirtschaftlichen Betriebe spielen sicher ihre Rolle. Trotzdem dürfte derzeit die Gesamtzahl der dem See tributären „Einwohnergleichwerte" 100.000 bei weitem nicht erreichen. Jedenfalls ist die vergangene und derzeitige *Zufuhr von Nährstoffen gerade richtig* — wenn man so sagen darf. Denn wir wollen *ja* nicht vergessen, daß ohne eine solche das Nahrungsangebot für die Fische im Traunsee und damit die Fischernten, die jetzt in guten Jahren 50—70.000 kg betragen, mehr oder weniger stark zurückgehen müßten.

Der bezüglich des für den Abbau in Frage kommenden Wasservolumens rund zwanzigmal so große Bodensee ist hingegen jetzt schon so stark überlastet, daß er, wie der Ausdruck lautet, am „Umkippen" ist. Die Daten, die am Bodensee erhoben wurden, sind vor allem deshalb so alarmierend, weil sie beweisen, daß sich die katastrophale Überlastung eines Sees innerhalb weniger Jahre vollziehen kann.

Für den Bodensee wurde festgestellt, daß ihm derzeit mit den Zuflüssen pro Jahr soviel Gesamt-Phosphat zugeführt wird, als in rund 20.000 t Phosphatdüngemittel enthalten ist (von mir umgerechnet). Das Volum des Bodensees beträgt nun rund das Zwanzigfache des Traunseevolums: Übertrüge man die am Bodensee gewonnenen Zahlenverhältnisse auf den Traunsee, so müßte man bereits eine jährliche Zufuhr von Phosphat entsprechend 1000 t Superphosphat als höchst bedrohlich ansehen; wahrscheinlich beträgt sie derzeit erst einige hundert Tonnen. (Auf Grund der Einwohnergleichwerte abgeschätzt.) Jedenfalls zeigen solche vergleichende Überlegungen, daß beim Traunsee voraussichtlich bereits bei einer Verdreifachung der gegenwärtigen Belastung eine Überbelastung (die sich dann automatisch von Jahr zu Jahr verschlimmern würde) erreicht wäre.

*

Die folgenden Zitate (N ü m a n n 1960) demonstrieren die Entwicklung der Überlastung des Bodensees in den letzten Jahren ebenso anschaulich wie ernst.

---

[1]) Volum dieses Bereiches rund zwei Milliarden m³; Sauerstoffgehalt pro m³ zu Beginn der Sommerstagnation 10—12 mg, aufsummiert ergeben sich etwa 20 Millionen kg Sauerstoff.

„Im Sauerstoffhaushalt des Bodensees hat sich nach den Feststellungen von
S c h m a l z 1923 und E l s t e r und E i n s e l e 1935 seit den ersten Untersuchungen von H o p p e - S e y l e r (1895) nichts verändert, so daß allem Anschein
nach der kurz vor dem letzten Krieg gefundene Zustand schon seit langem unverändert herrschte."

„Eine der wichtigsten Feststellungen aus jener Zeit ist, daß gelöste anorganische Phosphate im freien Wasser nie, und über Grund nur viermal in Spuren
nachgewiesen wurden (E i n s e l e). P war also der produktionsbeschränkende
Minimumstoff. Das in Plankton gebundene P machte 1,5 mg P/m³ aus."

„Der bisher als Bremse in der Produktion organischer Substanzen und als
Minimumstoff wirkende Phosphor wurde zunächst (nach dem Krieg) mit 2 bis
3 mg/m³ in anorganischen gelösten Verbindungen bestimmt. F a s t fand später
3 bis 4 mg, K l i f f m ü l l e r zur Zirkulationszeit 1958 8 mg und 1959 9 mg.
Die Bedeutung von P als produktionsbeschränkender Faktor hat also aufgehört!"

„Bodentiere charakterisieren in quantitativer und qualitativer Hinsicht die
Güte eines Wassers. L u n d b e c k kam 1936 selbst bei einer weiteren Aufteilung
der Oligotrophie in zwei Gruppen zum Schluß, daß der Bodensee-Obersee als
einziger von allen Alpenrandseen zur ersten, reinsten, oligotrophen Klasse gehöre.
Die Bodenfauna hat nach W a c h e k (1958) seit L u n d b e k s Untersuchungen (1936) um das Zehnfache zugenommen."

E l s t e r (1960) hat in einem weiteren zusammenfassenden Aufsatz
über die wichtigsten einschlägigen Untersuchungen von G r i m, L u n d -
b e c k, N ü m a n n, K i e f e r - M u c k l e, W a c h e k u. a. berichtet. (Ver-
zeichnis der referierten Arbeiten siehe E l s t e r 1960 und N ü m a n n 1960.)
Nachfolgend einige Zitate aus E l s t e r s Aufsatz, die keiner weiteren Kom-
mentare bedürfen.

„Wie aber sieht es nun im gesamten riesigen Wasserkörper des freien Ober-
sees aus? Ist hier die Verdünnung der Abwasserzufuhr nicht so groß, daß der
See sie spurlos verarbeitet? Die Antwort fällt sehr klar und eindeutig aus:
Leider nein!
Die neuesten Sauerstoff-Werte von G r i m aus dem Überlinger See vom
Herbst 1959 mit nur 50 v. H. der Sättigung in 15 m sind geradezu erschreckend.
Im Obersee wurden ähnliche Extremwerte gefunden."

„Größenordnungsmäßig haben aber die wichtigsten Planktonkrebse, auch die
als Felchennahrung so wichtige D a p h n i a, um etwa das Zehnfache zugenom-
men. Mit Recht betonen K i e f e r und M u c k l e, daß sich das Planktonbild des
Bodensees in den letzten 10 Jahren stärker geändert hat, als es einer jahr-
hundertelangen — ich möchte sagen vieltausendjährigen — natürlichen Entwicklung entsprechen würde.
Die Blaufelchen- (= Reinanken-) Fischerei, die Lebensgrundlage unserer
Obseefischer, dürfte als erste in akute Gefahr geraten. Zwar profitiert sie im
Augenblick noch von der steigenden Planktonmenge, die ein viel schnelleres
Wachstum der Felchen bedingt, wie N ü m a n n (1958) (24) gezeigt hat, und die
Gesamterträge sind im fünfjährigen Durchschnittswert noch im Steigen begriffen,
wie K r i e g s m a n n (1955) (17) nachwies. *Aber der Blaufelchenlaich entwickelt
sich am Seeboden, und es ist zu befürchten, daß die Eier dort in absehbarer Zeit
nicht mehr genügend Sauerstoff für ihre Entwicklung haben.*"

*

Die oben vorgebrachten Zitate sollen vor allem die spezielle Situation, um die es geht, profiliert zusammenfassen; es ist ihnen jedoch noch eine zweite Aufgabe zugedacht, nämlich an einem einzelnen Beispiel aufzuweisen, daß die Gewässer-Wissenschaft gerüstet ist, die so plötzlich lebenswichtig-unaufschieblich gewordenen Gewässerprobleme zu meistern: Ihre „unverzügliche" Lösung erscheint möglich, dank der Tatsache, daß eine Gruppe von Biologen sich bereits vor vielen Jahrzehnten für die Seen zu interessieren und die Wissenschaft von den Seen — Limnologie genannt — zu einem selbständigen Wissens- und Forschungsgebiet zu erheben begann. Die Limnologie ist seitdem zu einem weitgegliederten, stetig anwachsenden Bau von großer Geschlossenheit geworden [1]).

Es ist begreiflicherweise unmöglich, in einem Vortrag vor überwiegend Nichtfachleuten alle einleitend abgegrenzten Einzelgebiete unseres Generalthemas näher zu behandeln: Aber eben weil jene Gewässerfragen, die rein wissenschaftlicher Natur sind, zur Gänze dem Fachmann vorbehalten bleiben müssen (und weil auch dies gezeigt werden soll), sei ein Schlaglicht auf einen speziellen Abwasserfall geworfen, der zu der hier aufgestellten Untergruppe 3 gehört: *„Die Belastung mit löslichen und festen mineralischen Stoffen, welche keine direkten produktionsbiologischen Wirkungen ausüben."* Mit diesem Fall meinen wir die Abwässer der Solvay-Werke in Ebensee: Täglich werden dem Traunsee durch diese Werke relativ große Mengen Chloride in Form eines dem Kochsalz nahverwandten Salzes zugeführt. Nicht selten nun hört man Laien (auch solche, die es sich kraft ihrer Stellung eigentlich versagen müßten) hierüber recht dezidierte, aber grundirrige Meinungen aussprechen. Sie reden dann statt, richtig, von Chlorid, fälschlich, von Chlor, einem hochgiftigen Gas, das, würde es sich um dieses handeln, schon längst alles Leben im Traunsee, und nicht nur im See selbst, vernichtet haben würde: Chlor und Chlorid sind in ihrer chemischen und ebenso in ihrer biologischen Aktivität so unähnlich, daß sie geradezu als Musterbeispiele von Stoffen mit verwandten Namen aber grundverschiedenen Eigenschaften dienen könnten: Chlor ist bereits in Mengen von 1 mg/l tödlich für Fische. „Chloride" hingegen bilden den Hauptbestandteil der im Meerwasser gelösten Salze und in 1 Liter Meerwasser sind nicht weniger als rund 30.000 mg davon enthalten. Auch die Süßwasserfische vertragen ohne weiteres hohe Chloridkonzentrationen, wobei die obere Grenze nicht durch das Chlorid als solches bestimmt wird, sondern durch die *Salzkonzentration,* die nahe bei 8 kg/m³ liegt (entsprechend 5000 mg/l Chlorid). Das im Traunsee gelöste

---

[1]) Zwei wichtige limnologische Lehrbücher (von F. R u t t n e r und von E. H u t c h i n s o n) sind im Anhang zitiert: Das Buch von R u t t n e r gibt einen ebenso klaren wie konzentrierten und umfassenden Überblick über das ganze Gebiet. Das sehr umfangreiche Handbuch von H u t c h i n s o n strebt mit Erfolg eine möglichst vollständige, durchgearbeitete Berichterstattung über die in die Tausende gehenden einzelnen Arbeiten an, verbunden mit einer breitangelegten Theoriebildung.

Calziumchlorid erreicht dort jedoch nur eine Konzentration von, im Mittel, 120 mg/l!

Von Laien hört man auch häufig, daß bestimmte Betriebe „Laugen" (also, wie jene meinen, stark ätzende Stoffe) in ein Gewässer einleiten. Auch hierzu erscheint ein aufklärendes Wort notwendig. Laugen sind im klar-definierten Sinn des Wortes — und nur so sollte man es verwenden — eine bestimmte chemische Stoffgruppe, die ab einer sehr geringen Konzentration (und bei steigender immer heftigere) Ätzwirkungen entfaltet. Leider spricht man auch in der Technik von „Ablaugen", wenn es sich nicht um eigentliche Laugen, sondern um mit irgendwelchen gelösten Stoffen beladene Abwässer handelt, die zwar giftig sein *können*, aber keine Ätzwirkungen zu entfalten brauchen.

Kann die Beurteilung solcher Belastungen allein Sache des Fachmannes sein, so gilt dies längst nicht im gleichen Maß für die Belastungen, die wir in den Untergruppen 5, 6 und 7 zusammengefaßt haben, nämlich: „Belastungen, welche gewässerverwahrlosend wirken (5), Uferverbauungen und See-Einbauten (6) und der Motorbootverkehr (7)." Diese Belastungen gehen die Fischerei sehr wesentlich an, ebensosehr jedoch auch den Naturschutz und den Fremdenverkehr. Ich darf mir erlauben, zu diesem Thema etwas Grund-sätzliches zu sagen: Wenn wir von Schönheit der Natur sprechen, so dürfen wir als wesentlichstes, sie konstituierendes Element die Unberührtheit be-zeichnen, und wenn eine Landschaft ihrer Schönheit wegen einen großen nationalen Wirtschaftswert darstellt, *so muß man vor allem trachten, sie un-berührt zu erhalten.* Leicht könnte es sonst sein, daß eines Tages die Sub-stanz, die vordem die Rente brachte, wertlos geworden ist. Konkret gespro-chen: Es handelt sich darum, das Kleinodhafte unserer Seenlandschaft zu erhalten — und, wenn Sie den Vergleich gestatten: So wie keinem ein Einzel-anteil an den Sternen zusteht, so sollte niemand einen Einzelanteil *nur für sich* an den Ufern unserer Seen haben.

Ich möchte nun zu diesen Themen auch die Fischer unmittelbar sprechen lassen, denn sie haben es tausendfach erfahren, wie ihre Lebensinteressen durch die Verbauung der Gewässer schwer geschädigt werden. Sollen die Fische in einem Gewässer gedeihen, so ist eine ganze Reihe von Natur-bedingungen unerläßlich. Zu ihnen gehören: gute Weideplätze, Laichstätten und Kinderstuben, die Ungestörtheit der Fangplätze usw. Gerade die drei letztgenannten Grundvoraussetzungen werden durch See-Einbauten und Ufer-verbauungen schwer beeinträchtigt und in nicht wenigen Fällen vernichtet. Hier einige Zitate von direkten Aussagen von Fischern: „Die Ufereinbauten zerstören, oder schädigen zumindest, häufig die ohnehin spärlichen Pflanzen-bestände im Ufergebiet. Nicht nur, daß so die Fortpflanzung der Fische mehr oder weniger unmöglich gemacht wird, man erlebt es auch immer wieder, daß die im Sommer laichenden Fische diese Orte überhaupt meiden. — Auch Ufermauern sind der Fischerei besonders abträglich. Infolge des

Widergewells, das die Mauern erzeugen (die Wellen können nicht natürlich auslaufen) werden die Uferpflanzen geschädigt; die Fischbrut meidet solche Plätze: So kommt eine Verkürzung ihres Lebensraumes zustande." — Alle Fischer sind weiterhin einhellig der auf vielfältige Erfahrung gegründeten Meinung, daß der Schädigung der Fischerei durch den *Verkehr mit Sportbooten*, welche mit Verbrennungsmotoren angetrieben werden, nur durch ein radikales Verbot beizukommen wäre. (Im Grunde sind die Fremdenverkehrsstellen, abgesehen von Einzelfällen, wo es sich um ganz lokale Interessen handelt, der gleichen Meinung.) Die Fischer klagen vor allem auch über die Rücksichtslosigkeit der Motorbootfahrer. „Man müßte acht Augen haben, um die Gefahren für Mann und Netze auch nur durch ‚Deuten' und ‚Schreien' abwehren zu können." — Auf das bestimmteste registrieren alle Fischer ein scharfes Zurückgehen der Fänge mit dem Einsetzen der Motorbootraserei im Frühjahr. Die Fische, vor allem die in Schwärmen gehenden, wie die Reinanken, verlassen solche Gebiete und die Uferregionen entleeren sich. Besonders scharf ist der Abfall am Wochenende und zu Beginn der jeweils neuen Woche. Dieses Übel erstreckt sich zeitlich auf über ein halbes Jahr, da das Wochenend-Motorbootfahren bereits im März-April einsetzt und bis in den Herbst hinein dauert.

Wir haben bisher noch nicht über das Thema *Belastung durch Giftstoffe* gesprochen, und es kann auch nicht die Aufgabe dieses Vortrages sein, hierüber in extenso abzuhandeln; angeschnitten soll es jedoch werden, weil in Verbindung gerade hiermit *das Vorbeugen als wichtigstes künftiges Maßnahmenprinzip* auf's dringlichste angeraten werden muß. — Seen sind ganz allgemein Stoffakkumulatoren, und allein schon aus diesem Grunde muß getrachtet werden, ihnen vor allem auch Giftstoffe (die sich zudem häufig als dem bakteriellen Abbau unzugänglich erweisen) fernzuhalten.

Ein Beispiel möge illustrieren, welche Gefahren schon von minimalen Stoffmengen ausgehen können: Es gibt bestimmte, dem Benzol nahestehende Stoffe, die den Geschmack von Fischfleisch noch beeinträchtigen, wenn ihre Konzentration im Wasser bei 0,02 mg/l, bzw. bei 20 mg/cbm, liegt: Ein normales Benzinfaß mit 200 kg dieser Stoffe würde demnach genügen, um 10 Millionen cbm Wasser so stark zu belasten, daß die Fischerei schwer geschädigt wäre.

Nicht genug kann man den zuständigen Behörden ans Herz legen, auf *allen* Belastungsgebieten prophylaktischen Möglichkeiten gesetzlich den Weg zu bahnen (und ihn natürlich dann mit Nachdruck zu gehen!). Wie richtig wäre es gewesen — gewarnt wurde ja schon vor Jahren —, den Sportmotorbootverkehr gleich zu Anfang ganz zu unterbinden. Unsere Seen sind — so hätte man mit Recht argumentieren können — keinesfalls als „wilde" Sportplätze anzusehen, die jeder, dem es einfällt, beliebig benützen oder mißbrauchen kann. Es kommt ja auch niemand auf die Idee, ebenes

Kulturland, nur weil es der Raserei keine Hindernisse bietet, zum Auto-
rennplatz zu machen!

Der Mensch ist (neben vielem anderen!), und das hat die rasche biologische Verschlechterung vieler Seen kraß bewiesen, auch ein Zerstörungs-
Zeitraffer größten Ausmaßes: In den letzten Jahren hat er, wie wir sahen,
an immer zahlreicher werdenden Seen größere Veränderungen zuwege gebracht als Tausende vorausgegangener Jahre! Und *jetzt* ist es soweit, daß
das Schicksal der Erde — ihr künftiges Sein als irdisches Paradies oder ihre
Vernichtung — in seine Hand gegeben ist: Alles Tun derer, die weiter sehen
und sich für das Ganze verantwortlich fühlen, wird aber letztlich nicht dort-
hin führen können, wo es hinführen soll und muß, wenn nicht *alle* ihre
Gesinnung der Natur und ihren Geschöpfen gegenüber ändern.

Das Wesen eines Menschen tut sich rasch und sicher kund in seinem
Handeln. Ein Gesinnungswandel auf dem Gebiet des Gewässerschutzes
könnte sich so am ersten bei dem am Wasser bauenden und das Wasser
nützenden Gruppen zeigen. *Wie*, möchte ich noch abschließend am Beispiel
der Flußstaue aufzeigen.

Der *ingenieurtechnisch* ideale Stauraum ist ein geradliniges Gewässer
mit möglichst steif und beton-solid verbauten Ufern, glattem Flußboden,
usw. Wenn wir die Dinge vom Standpunkt der Naturpflege und auch der
Fischerei ansehen, so ist eine ärgere Gewässerverstümmelung nicht mehr
denkbar. Mein Vorredner hat schon einiges über Fluß-Staue gesagt und dabei von Stau*seen* gesprochen. Damit sich nun, bezüglich der biologisch-hydro-
graphischen Natur von Stauen, keine unzutreffenden Ansichten festsetzen,
scheint es geboten, hierzu limnologisch-fischereibiologisch kurz Stellung zu
nehmen: Wenn der Fremdenverkehr oder alle jene, die landschaftlich-geo-
graphisch an Flußstauen interessiert sind, von Stauseen sprechen, so ist dagegen nicht allzuviel einzuwenden. Wenn hingegen der Biologe oder der
Hygieniker vom Stau Jochenstein oder Aschach spricht, so darf er auf keinen
Fall von einem See sprechen. Denn unsere Flußstaue sind weder hydro-
graphisch noch biologisch noch fischereilich mit Seen zu vergleichen. Die
Staue sind vielmehr Flüsse geblieben, wenn auch mit erheblich abgeänderten
Eigenschaften. — Ein Fluß nun muß biologisch-fischereilich als Krüppel gewertet werden, wenn ihm nicht die „richtigen" Neben- und Randgewässer
zugesellt sind. Diese für seine Ganzheit unabdingbar notwendigen „Organe"
schafft ein Fluß normalerweise mit den ihm innewohnenden Kräften von
ganz allein: Man stelle sich nur vor, wie ein Fluß sich und seine Umgebung
gestaltet, wenn er von der Technik unbehelligt ist! Und man darf hinzufügen, daß er dann einem unvorstellbaren Reichtum von Fischen (und auch
anderen Tieren) die Gedeih-Voraussetzungen bietet. Darunter ist nicht nur
die Sicherung der Ernährung der betreffenden Tiervölker zu verstehen, sondern ihr dauerndes Bestehen, und das heißt, insbesondere auch das Aufkommen ihres Nachwuchses.

Unsere technische Zivilisation hat auch früher schon (im Zuge der Regulierungen) unseren Flüssen biologisch und landschaftlich schwer geschadet. Beim Bau der Flußkraftwerke wäre die große Gelegenheit, vieles wieder gut zu machen. W i e, haben die Biologen, zum mindesten rahmenmäßig, gezeigt (Lit. V. 4, 5). Das Wort haben *jetzt* die Ingenieure und die Verwaltung.

*Gewässerschutz — die Aufgabe unserer Generation* war das flammende Motto der Luzerner Kundgebung für den Gewässerschutz im April dieses Jahres. So universell und ernst diese große Aufgabe ist, so wäre es vielleicht, darüber hinausgehend, dem Menschen unserer Tage noch gemäßer, wenn man von ihm dort, wo er wie bei den Stauen neue Gewässertypen schafft, verlangt, daß er neben den Wirtschaftswerken vollständige Flußlandschaften gestalte und damit auch zum Regenerator neuen, reichen Tierlebens werde:

*Es wäre ganz falsch, wollten wir die Dynamik des modernen schaffenden Menschen abzuwürgen versuchen. Unser Zeitalter ist schicksalsunausweichlich auf Produzieren, rasche Wandlungen und hohes Tempo eingestellt: Alles kann gut geheißen werden, wenn es dem Heil und der Befreiung, nicht aber wenn es dem Verderben der Menschheit dient. — Gesinnungswandel heißt es vor allem auch, an sich selbst und dem W e s e n h a f t e n seines Ichs arbeiten und nicht nur begehren und in der äußeren Welt wirken. Goethe hat diesem durchaus bejahenswerten Doppelstreben vollkommenen Ausdruck verliehen in dem Wort des Erdgeistes, das als Leitmotiv lebendige Geltung gewinnen sollte:*

> *„So schaff' ich am sausenden Webstuhl der Zeit*
> *Und wirke der Gottheit lebendiges Kleid!"*

# Literatur


1 E i n s e l e, W., 1938: Über chemische und kolloidchemische Vorgänge in Eisen- und Phosphatsystemen unter limnochemischen und limnogeologischen Gesichtspunkten. Arch. Hydrobiol., 33, 361—387.

2 E i n s e l e, W., 1941: Die Umsetzung von zugeführtem, anorganischem Phosphat im eutrophen See und ihre Rückwirkungen auf seinen Gesamthaushalt. Zschr. f. Fischerei u. deren Hilfswissensch., XXXIX.

3 E i n s e l e, W. u. A. D. H a s l e r, 1948: Fertilization for Increasing Productivity of Natural Inland Waters. Transactions of the Thiertheenth North American Wildlife Conference, March 8. 9. u. 10.

4 E i n s e l e, W., 1957: Flußbiologie, Kraftwerke und Fischerei. Schriften d. Österr. Fischereiverbandes, Heft 8/9.

5 E i n s e l e, W., 1960: Die Strömungsgeschwindigkeit als beherrschender Faktor bei der limnologischen Gestaltung der Gewässer. Wissensch. Suppl. zu Österreichs Fischerei, Bd. 1, H. 2.

6 E i n s e l e, W., 1961: Zur Frage des Natur- und fischereigerechten Ausbaues der Inn- und Donaustaue. Österr. Fischerei, Heft 7/8.

7 E l s t e r , H. u. E i n s e l e , W., 1937: Beiträge zur Hydrographie des des Bodensees (Obersee). Intern. Revue ges. Hydrobiol. u. Hydrographie 35.

8 E l s t e r , H. J., 1960: Der Bodensee als Organismus und die Veränderungen seines Stoffwechsels in den letzten Jahrzehnten. Das Gas und Wasserfach, 101. Jahrgang, Heft 8 (Wasser-Abwasser).

9 F a s t , H., 1955: Systematische Untersuchungen über den chemischen und bakteriologischen Zustand des Bodensees. Jb. Vom Wasser, XXII., 11.

10 Gewässerschutz 1961: Die Aufgabe unserer Generation. Luzerner Kundgebung vom 28. April 1961, Schweizerische Vereinigung für Gewässerschutz, Zürich, Kürbergerstraße 19.

11 G r i m , J., 1955: Die chemischen und planktologischen Veränderungen des Bodensee-Obersees in den letzten 30 Jahren. Arch. f. Hydrobiol., Suppl. XXII,. 310.

12 H u t c h i n s o n , G. E., 1957: A Treatise on Limnology, Volume 1, 1014 S. Geography, Physiics and Chemistry. New York, John Wiley & Sons, Inc. London, Chapmann & Hall Ltd.

13 K l i f f m ü l l e r , R., 1960: Beiträge zum Stoffhaushalt des Bodensees (Obersee 1) I. Die in den Bodensee (Obersee) eingebrachten Schmutz- und Nährstoffe und ihr Verbleib (Versuch einer bilanzmäßigen Erfassung für 1958/59). Int. Revue ges. Hydrobiol., 45, 3, 359—380.

14 N ü m a n n , W., 1960: Was wissen wir schon über den Zustand und die neuere Entwicklung des Bodensees, und was muß noch untersucht werden? Informationsblatt Nr. 4.

15 R u t t n e r , F., 1952: Grundriß der Limnologie. 2. Aufl. Walter de Gruyter & Co, Berlin.

16 W a c h e k , F., 1958: Biologisch-chemische Untersuchungen des Bodensees unter besonderer Berücksichtigung wasserwirtschaftlicher Fragen. Münchner Beiträge z. Abwasser-, Fischerei- und Flußbiologie, 4, 116.

17 W u h r m a n n , K., 1957: Die dritte Reinigungsstufe: Wege und bisherige Erfolge in der Eliminierung eutrophierender Stoffe. Schweizer Z. f. Hydrologie XIX., 409.

Ministerialrat Dr. Harald L a n g e r - H a n s e l, Leiter der Abteilung für
Fremdenverkehr im BM für Handel und Wiederaufbau, Wien:

# Seenschutz und Fremdenverkehr

Über die engeren und sehr dichten Verbindungen zwischen Fremdenverkehrswirtschaft und Natur- und Landschaftsschutz wurde schon recht
Vieles und Wesentliches gesprochen. Heute handelt es sich um ein Detail-
thema, um den Seenschutz.

Bei einer Tagung der Österreichischen Gesellschaft für Landesplanung
und Landesforschung im September 1960 wurde in sehr alarmierender Weise
das Problem des Seenschutzes aufgerollt. Es wurde dargestellt, in welcher
hohen Gefahr sich die Konservierung österreichischen Natur- und Landschafts-
besitzes, der durch die österreichischen Alpenseen gegeben ist, befindet. Ich
nehme an, daß es in Entsprechung der damals gefaßten Resolution zu dieser
Tagung gekommen ist, die dem Schutz der österreichischen Alpenseen ge-
widmet ist. Ich sehe es als eine Aufgabe meines Referates an, die besonderen
Verbindungen zwischen dem Fremdenverkehr und dem Seenschutz darzu-
legen und nach Möglichkeit auch von dieser Seite etwas beizutragen, das im
Interesse des Seenschutzes liegt.

Der österreichische

## Fremdenverkehr ist ein Wirtschaftszweig,

der derzeit, fast wie noch niemals, seine Wirtschaftswichtigkeit für das ganze
österreichische Leben und den Wohlstand unter Beweis gestellt hat. Dieser
Fremdenverkehr, also der zeitweilige Aufenthalt von Ortsfremden zum
Nutzen der österreichischen Wirtschaft, beruht auf verschiedenen Faktoren.
Nach wie vor ist als Reisezweck die Gesunderhaltung, die Erholung sowie
der Genuß der natürlichen heimischen Alpenlandschaft dominierend. Dieser
Reisezweck steht vor der Sportbetätigung in den Wintersportgebieten, der
Kongreßteilnahme, dem Geschäftsreiseverkehr u. a. m. als Motiv für die Ver-
bringung des Erholungsurlaubes in Österreich. Die Sommersaison ist nach
wie vor trotz steigender Bedeutung der Wintersaison der überragende Sektor
des Fremdenverkehrs. Sie weist eine Nächtigungsfrequenz von etwa 78,5%
der Jahresfrequenz auf, und innerhalb dieser Sommerfrequenz machen die
Aufenthalte an österreichischen Seen etwa 22% aus.

Die N ä c h t i g u n g s f r e q u e n z e n des österreichischen Fremdenverkehrs betrugen im Jahre 1950 15½ Mio., im Jahre 1960 fast 41 Mio..

hievon im Jahre 1950 27% im Auslandsfremdenverkehr, im Jahre 1960 aber 60%. Eine weitere Steigerung im Jahre 1961 ist eindeutig erkennbar, sie wird rund 10 bis 15% betragen. Die Gesamtfrequenz an Nächtigungen im österreichischen Fremdenverkehr ist gegenüber 1937 um mehr als das Doppelte angestiegen.

Die Bedeutung des österreichischen Fremdenverkehrs ist vor allem in seiner devisenbringenden Funktion zu sehen. Die Abdeckung des Handelspassivums durch die Deviseneinnahmen des Fremdenverkehrs ist die hervorragendste Funktion des österreichischen Fremdenverkehrs in seinem devisenbringenden Auslandssektor. Das Defizit aus der Handelsbilanz betrug im Jahre 1960 rund 7½ Milliarden. Die Devisenroheinnahmen des Fremdenverkehrs beliefen sich dem gegenüber auf 6 Milliarden. Nach Reduktion durch die passiven Reisedevisen der Auslandsreisen der Österreicher reduziert sich dieser Betrag auf 4,4 Milliarden. Wir sehen also, daß der Fremdenverkehr derzeit trotz seiner eindeutigen Zunahme sowohl der Frequenzen als auch der Deviseneinnahmen nicht mehr im vollen Umfange das Handelspassivum zu decken vermag, und zwar infolge der Entwicklung des österreichischen Warenhandels. Die Bedeutung des Fremdenverkehrs wird also durch die wirtschaftliche Entwicklung noch erhöht.

Die Erinnerung an die Wirtschaftsdepression der Jahre zwischen 1945 und 1950 infolge des Devisenmangels läßt auch ohne volkswirtschaftliche Zergliederung die überragende gesamtwirtschaftliche Wichtigkeit des Fremdenverkehrs für Österreich erkennen. Auf die Bedeutung der österreichischen Fremdenverkehrswirtschaft als Arbeitgeber, Konsument und damit wesentlicher Absatzbringer für die österreichische Landwirtschaft und für bedeutende Zweige der gewerblichen Wirtschaft näher einzugehen, ist in diesem Referat nicht möglich.

Es erscheint wohl eindeutig erkennbar, daß im gleichen Maß, wie die Gesamtbedeutung des österreichischen Fremdenverkehrs feststeht, auch die Bedeutung alles dessen erwiesen ist, was zur Konservierung der österreichischen Landschaft als eines der wichtigsten Anziehungsfaktoren zählt. Jede Beeinträchtigung dieses Faktors wiegt viel schwerer als eine schlechte Werbung, die man wieder gutmachen kann. Es handelt sich in den meisten Fällen um einen nicht wieder gutzumachenden Schaden und eine dauernde Verringerung der Anziehungskraft des österreichischen Fremdenverkehrs.

Im Rahmen des österreichischen Landschaftsschutzes im allgemeinen kommt den österreichischen Alpenseen, die ja bekanntlich nicht in allen Bundesländern in gleich reichem Maße vorhanden sind, eine besondere Bedeutung zu. Es ist erkennbar, daß im internationalen Fremdenverkehr die Kurzaufenthalte und die Kurzbesuche der meist motorisierten Touristen ansteigen, und daß es nur dann zu verlängerten Aufenthalten kommt, wenn durch das Vorhandensein von besonderen Erholungsmomenten, vor allem aber durch das Vorhandensein der vielseitigen Attraktion des Wassers der österreichischen Seen mit ihren landschaftlichen Begleiterscheinungen, ein besonderer Anreiz zu einem Daueraufenthalt gegeben ist. Daß der Daueraufenthalt im österreichischen Fremdenverkehr das erstrebenswerte Ziel ist gegenüber den Kurzaufenthalten eines touristischen Genusses im Vazieren, ist bekannt.

Kärnten steht als das seenreichste Bundesland mit einer Nächtigungsfrequenz von 3 Millionen Nächtigungen in Seenorten, das sind 60% der Gesamtnächtigungszahl der Sommersaison 1959, an Seenwichtigkeit an der Spitze der Bundesländer, gefolgt vom Salzkammergut, in das sich 3 Bundesländer teilen. Nach einer Schätzung kommen auf Grund des Aufenthaltes von Ausländern in österreichischen Seenorten etwa 1 Milliarde Schilling an Deviseneinnahmen herein.

## Gefährdung des Fremdenverkehrs

Die Gefährdung der österreichischen Seen und damit des österreichischen Fremdenverkehrs in seinen Seengebieten ist in mehrfacher Hinsicht gegeben: durch

V e r b a u u n g der Seeufer,

V e r s c h m u t z u n g des Wassers und

R u h e s t ö r u n g.

Über das Ausmaß der Verbauung des Seeufers liegt eine hervorragende Studie von Hochschulprofessor Dr. W u r z e r vor, die Ihnen ja bekannt sein dürfte. Sie zeigt das höchst negative Ergebnis einer jahrelangen Entwicklung im Kärntnerseeland.

Man kann feststellen, daß die Frequenz in einzelnen Fremdenverkehrsorten an österreichischen Seen gerade im Hinblick auf die besondere Attraktion, die die Seelandschaft gibt, unerhört stark gestiegen ist. Das hat dazu geführt, daß die Kapazität der Badeanlagen, der sonstigen Seeanlagen, aber auch der Seewege samt der allgemein zugänglichen Seelandschaft in einem Mißverhältnis zu der Unterkunftskapazität, soweit es den Fremdenverkehr anlangt, steht. Es sei dahingestellt, wieweit in den leider teilweise noch nicht kanalisierten Fremdenverkehrsorten durch die Anhäufung von fremden Gästen, zum Nachteil der Qualität und damit auf Dauer zum Nachteil auch werbemäßiger Art, eine Verschmutzung der Seen in höchst gefährlicher Weise gegeben ist. Eine Sicherung von Seegründen für die Allgemeinnutzung ist im wesentlichen nur durch Grundankauf seitens der Gemeinde möglich. Die Entwicklung der Grundstückpreise, zum Teil auch durch Auslandsspekulationsankäufe aufwärts getrieben, läßt den Ankauf durch die Gemeinde nur in seltenen Fällen möglich erscheinen. Symptomatisch ist das Vorliegen von Zinsenzuschußansuchen einiger Gemeinden zum Zwecke des Ankaufes von Grünflächen an Seen, deren gärtnerische Ausgestaltung erfolgen soll, ohne Badeeinrichtung. Umgekehrt aber ist erkennbar, daß ein außerordentlicher Druck von privater Hand gegeben ist, noch offene vorhandene Teilgrundstücke am Seeufer käuflich zu erwerben, wobei für jeden Quadratmeter Seegrund in einem nie geahnten Maße Spekulationspreise geboten werden.

Es wäre dankenswert, in einer fachlichen Detailuntersuchung die Relationen zwischen der Unterkunftskapazität gewisser Seeorte des österreichischen Fremdenverkehrs und dem allgemein zugänglichen Seeufer und der Kapazität der Badeanstalten zu studieren, um aus diesem Material die notwendigen Konsequenzen für die erforderlichen Vorkehrungen zur Erhaltung des Seenreichtums als einer dauernden wertbeständigen Fremdenverkehrsattraktion zu untermauern.

In einer Reihe mit der vielfach bestehenden Diskrepanz der Kapazität von allgemein öffentlich zugänglichem Seegrund und der Unterkunftskapazität in Seeorten des Fremdenverkehrs, somit dem flächenmäßigen Minderangebot an frei zugänglichem Seegrund, steht die optische Verschandelung durch Mißbauten im privaten und kommunalen Bereich, die, ohne Harmonie mit dem natürlichen Landschaftsbild, leider vielfach entstanden sind, die Beeinträchtigung des Aufenthaltes von der Lärmseite her wie die Verunreinigung des Wassers durch das Überhandnehmen des Motorbootsportes.

Die Motorisierung hat ja auch an anderer Stelle, und zwar auf dem Straßensektor, ihre ungeheuren negativen Auswirkungen neben sicher sehr eindeutigen positiven. Die Motorisierung hat im Fremdenverkehr nicht nur eine außerordentliche Frequenzzunahme, sondern auch in erhöhtem Maße eine Unruhe gebracht, die zu besonderen Vorkehrungen auf dem Gebiete des Lärms veranlaßte. Die Motorisierung hat vor den Seen nicht Halt gemacht, und sie hat in breitem Maße durch den Motorbootsport das österreichische Seengebiet ergriffen. Es ist zu begrüßen, daß durch die Seenverkehrsordnung, das Bundesgesetz vom 21. April 1961, weitgehend die gesetzlichen Grundlagen zur Eindämmung gewisser erhöhter Lärm- und Gefahrenquellen durch den Motorbootsport auf den österreichischen Seen gegeben sind. Es ist aber auch feststellbar, daß selbst bei einer sehr rigorosen Einschränkung des Lärms und der Gefahren durch die Beschränkung der Geschwindigkeit der Motorboote nur wenig gegen die zunehmende Verschmutzung des Wassers unternommen werden kann, die in vielen hochfrequentierten Seenorten bereits das Bad zu einem zweifelhaften Vergnügen macht. Große Fischsterben in österreichischen Alpenseen infolge der Rückstände der Motorboote führen zur Enttäuschung der Sportfischer, die in steigendem Maße Österreich besuchen möchten.

Es wäre eine traurige Aufgabe, eine Bestandsaufnahme der Sünden wider die Pflege des Landschaftsbildes in Seengebieten vorzunehmen. Die Disharmonie durch Neubauten und die dauernde Störung des Landschaftsbildes muß zu einem Verlust der fremdenverkehrsmäßigen Attraktion Österreichs gerade auch in den Seengebieten führen. Vorkehrungen zur Sicherung und Konservierung der Seelandschaft sind im Interesse des Fremdverkehrs höchst notwendig.

Vom Gesichtspunkt des Fremdenverkehrs aus möchte ich daher die

### Wünsche und Erwartungen

in folgender Weise gliedern:

Es ergibt sich die Notwendigkeit der E i n p a s s u n g   d e r   B e t r i e b e des Gast- und Beherbergungsgewerbes i n   d i e   S e e n l a n d s c h a f t ; es erscheint geboten, auch optischen Wirkungen schon aus kommerziellen Erwägungen Rechnung zu tragen und auf den Ausblick von Zimmern und vom Speisesaal auf den See erhöhten Wert zu legen. Darüber hinaus erscheint es aber notwendig, dem B a u   m o d e r n e r   S e e n b ä d e r in solcher Weise Rechnung zu tragen, daß sie auch den optischen Anforderungen besser entsprechen als die reichlich unrühmlich gewordenen, halb morschen Bäderanlagen früherer Jahrzehnte. Es ist unerläßlich, in stärkerem Maße als bisher auf den Neubau von Seebädern in harmonischer Eingliederung in die Landschaft zu drängen.

Von dem kleineren Teil in der Gilde von Motorbootsportlern abgesehen, der zweifellos nur einen untergeordneten Sektor der Gesamtfrequentanten in einem Seegebiet darstellt, sich aber erfahrungsgemäß durch eine sehr laute Forderung nach unbeschränkter Motorsportbetätigung bemerkbar macht, geht von der Majorität der Besucher unserer Seenorte der Wunsch nach einer d u r c h  M o t o r b o o t e   u n g e s t ö r t e n   M ö g l i c h k e i t   d e r   E r h o l u n g, des Badens, des Bootfahrens, des Segelns wie des sonstigen Wassersportes aus.

Es wird notwendig sein, die Entwicklung der W a n d e r w e g e  a m  S e e von den Gemeinden aus durch entsprechende Investitionen kommunaler Art in entscheidendem Maße zu fördern.

Als immer dringlicher erweist es sich, daß in Fremdenverkehrsorten, in Seenorten aber in besonderem Maße, an den S c h u t z  d e r  g u t e n  L u f t geschritten wird, und zwar durch Unterbindung der Errichtung störender gewerblicher Anlagen in Nähe der Seeufer, selbst wenn hiedurch mancher ökonomische Nachteil im Einzelfall entstehen sollte.

Schließlich ergibt sich die Notwendigkeit, ausreichende richtige K a n a l i s a t i o n s a n l a g e n gerade in Seengebieten zu schaffen.

## Anregungen und Hinweise

Die Erfüllung aller dieser offenen Wünsche ist nur schwer und langsam zu erreichen. Die fremdenverkehrsmäßig richtige s y s t e m a t i s c h e   E n t w i c k l u n g   d e r   F r e m d e n v e r k e h r s o r t e, vor allem der an Seen gelegenen, ist wichtig, weil diese in besonderem Maße der Grundspekulation unterworfen sind. Planung und Überlegung sollen aufzeigen, welchen Weg die Gemeinde fremdenverkehrsmäßig nehmen soll, welche fremdenverkehrsmäßige Kapazität erstrebbar, welche bereits überspitzt ist, welcher Art der Fremdenverkehr sein soll, welche kommunale und fremdenverkehrsmäßige Entwicklung gefördert werden muß, um böse Überraschungen und dauernden Verlust an landschaftlichem Kapital zu vermeiden. Die Investitionsvorschau und die großzügige und mutige Handhabung der Bauordnung der Gemeinde erscheint als der wichtigste Durchführungsfaktor.

Vielfach wird von Gemeinden geklagt, daß die Einhaltung einer vernünftigen Bauordnung seitens des Gemeinderates an der Durchschlagskraft einzelner interventionsbereiter Grundstücksinteressenten fast scheitert. Es wird Aufgabe des Österreichischen Gemeindebundes sein, der sich in etwa 14 Tagen bestimmt auch mit dem Seenschutz vom Standpunkt der Gemeinde befassen wird, um Lösungsmöglichkeiten, Verbesserungen, Fragen rechtlicher Art zur Sicherung dieser Forderungen usw. zu untersuchen. Verbauungsstop mit besonderen Vorschriften für die Bebauung von Seeufergründen und Sicherung der Nichtverbauung unmittelbaren Seeufers sind ein Teil dieser durch richtige Bauordnung möglichen Maßnahmen.

An dieser Stelle muß aber auch zumindest die Frage gestellt werden, wie weit es in Österreich nötig ist, etwa in ähnlicher Weise wie in der Schweiz durch Gesetze den spekulativen Auslandsankauf von Gründen, insbesondere in Seengebieten, zu unterbinden. Ich nehme an, daß auch diese Fragen bei der Haupttagung des Österreichischen Gemeindebundes zur Erörterung kommen werden.

Die Eindämmung des Motorbootsportes, soweit er mit der Majorität der Seenbesucher nicht im Einklang steht und soweit deren Wünschen durch die schon erwähnte Verordnung noch nicht Rechnung getragen wird, muß wohl Gemeinderatsbeschlüssen und Ergänzungserlässen obliegen, um individuell für den einzelnen Ort Abhilfe zu schaffen gegen Unzukömmlichkeiten, die sich durch den Motorbootsport, vor allem durch Verunreinigung der Seeufer, ergeben.

Die Durchführung der Kanalisation in den Orten ist in erster Linie ein Problem des Investitionskapitals bzw. des Förderungskapitals von seiten der öffentlichen Stellen. Es wurde bereits bei einer Fremdenverkehrs-Enquete im Juli 1961 deutlich auf die Notwendigkeit hingewiesen, im Interesse des österreichischen Fremdenverkehrs erhöht Mittel für den Kanalisationsbau und den Trinkwasserleitungsbau sicherzustellen.

Die Schaffung geschlossener Erholungsgebiete, die in besonderem Maße, unter Bedachtnahme auf den Landschaftsschutz, dem Erholungsbedürfnis unserer Inlands- und Auslandsbesucher an Seen Rechnung tragen, erscheint als eine Aufgabe, die durch die Initiative gerade dieses Kreises in öffentliche Diskussion gebracht werden sollte. Ich denke hier an eine Ergänzung der Bestrebungen zur Errichtung von Naturschutzparks in etwas abgewandelter Form gerade in den österreichischen Seengebieten.

*Ich möchte damit schließen, daß ich das Interesse des österreichischen Fremdenverkehrs an den Bestrebungen zur Erhaltung des natürlichen Landschaftsbildes und zum Schutze der österreichischen Seen besonders unterstreiche, ebenso auch die grundsätzliche, weitgehende Übereinstimmung und damit auch Förderungsbereitschaft aller diesbezüglichen Bemühungen, denen höchster Wert für die Fremdenverkehrswirtschaft zukommt.*

Univ.-Prof. Dr. Gustav W e n d e l b e r g e r, Leiter des Instituts für
Naturschutz und Landschaftspflege, Wien:

# Seenschutz und Naturschutz´

Österreich ist überreich an Seen — das Erbe der Eiszeit im Vorland
der Alpen: ein Reichtum, der zugleich verpflichtet!

Der E r h o l u n g s w e r t dieser Seen liegt im ruhenden Wasser, in der
ruhenden Seefläche. Dies gilt aber auch für künstliche Wasseransammlungen,
für Staue und selbst Ziegelteiche mit ihren landschaftsbelebenden Möglichkeiten: der Vermehrung der Wasserfläche in der Landschaft selbst, der dadurch erfolgenden Belebung des Landschaftsbildes, der Vermehrung der
Biotope. Dies darf jedoch nicht darüber hinwegtäuschen, daß es sich gerade
bei Stauen um menschliche Schöpfungen handelt, welche kaum jemals in das
Landschaftsbild völlig eingebunden werden können und dem kundigen Auge
immer noch als künstliche Schöpfungen offenbar bleiben. Hiezu kommt, daß
derartige Staue vielfach an die Stelle fließender Gebirgswässer treten.

Aus der jedoch unzweifelhaft gegebenen Analogie zwischen künstlichen
und natürlichen Gewässern ergeben sich ebenso gleichsinnige Bedrohungen
wie die Notwendigkeit gleichsinniger Schutzmaßnahmen: So reich eine Landschaft durch das lebendige Wasser wird, so arm ist eine verödete Landschaft
ohne das Wasser, ohne die Seen! Der uns geschenkte Reichtum unserer Gewässer ist in vielfältiger Gefahr. Die Gefahren ergeben sich hiebei aus der
unterschiedlichen Funktion der Gewässer selbst.

## Funktion und Bedrohung der Gewässer

Die *Funktionen* liegen nun:

in der l a n d s c h a f t l i c h e n   S c h ö n h e i t — also in sich selbst,

im E r h o l u n g s w e r t, für den Einzelnen wie für die Gesamtheit —
    als Badegelände, als Wassersportgelände, als Jagd- und Fischerei-
    gelände,

im V e r k e h r s w e r t — als Schiffahrtsgelände,

im N u t z w e r t — als Trinkwasserspender, als Energiespeicher.

Es sind dies durchaus vielfältige Interessen an dem einen, einzigen Objekt
des Sees — lediglich differenziert nach dessen Gesamtheit, dessen Wasseroberfläche, dessen Wasserinhalt.

Diesen unterschiedlichen Funktionen entsprechend, sind unsere Seen auch durchaus unterschiedlich *bedroht*, und zwar durch:

Versiedelung der Ufer,

Technische Eingriffe aller Art in die Uferlandschaft,

Lärm,

Verunreinigungen verschiedenster Art,

Spiegelschwankungen von unnatürlichen Ausmaßen im Zuge der Energiegewinnung.

Es bedeutet dies, daß die verschiedenen Funktionen eines Sees durch deren Gebrauch zugleich deren Mißbrauch provozieren: anstelle eines kontinuierlichen Zinsengewinnes tritt der Angriff auf das Kapital, auf die Substanz selbst.

Hiezu einige konkrete und aktuelle Beispiele zur Veranschaulichung, herausgegriffen aus der Fülle der Probleme, deren Zahl Legion ist.

Zur Versiedelung.

Die Verhüttelung unserer Seeufer, deren galoppierender Ausverkauf, vielfach an das Ausland und zu Phantasiepreisen, hat erschreckende Ausmaße angenommen. Hiezu als besonders eindrucksvolle Beispiele: die Bungalowsiedlung am Traunsee — innerhalb der 500 m Schutzzone gelegen, die Verrammelung der Ufer des Attersees, der übrigen Salzkammergutseen, der Kärntner Seen; die ungeregelte Versiedelung des Neusiedler Sees: die Verramschung des Podersdorfer Strandes, des einzigen schilffreien Ufers am Neusiedler See, die Verhüttelung der Schilfflächen im See selbst, vor Rust, vor Mörbisch und anderswo. Selbst Neuschöpfungen, wie der Neufelder See und die benachbarten Braunkohlengruben, der Oder-Donau-Kanal und dergleichen, werden hemmungslos verparzelliert: Gierig stürzt sich alles auf jede freie Wasserfläche!

Ein erfreulicher Erfolg kann dagegen vom Hallstätter See berichtet werden, an dem eine Ferienkolonie gerade gegenüber der Ortschaft, beim alten Eiselsberg-Schlößchen, gebaut werden sollte. Hiezu teilte das Amt der oberösterreichischen Landesregierung vom 16. September d. J. mit, „daß aus Gründen des Landschaftsschutzes die naturschutzbehördliche Zustimmung zur Errichtung von Bauten auf der waldbedeckten Halbinsel Grub am Hallstättersee nicht in Aussicht gestellt werden kann". Damit erscheint wenigstens dieser landschaftlich einmalige Punkt gerettet.

Sonstige Uferbeeinträchtigungen:

Das Abbrennen der Schilfgürtel, vor allem am Neusiedler See.

Die naturfremde Hartverbauung der Ufer — trotz des Vorbildes eines begnadeten Technikers wie Hofrat Dipl.-Ing. Walter Schauberger, dessen einmalige Begabung viel zu wenig herangezogen wird.

A b l a g e r u n g e n von Müll und Schutt in die Seen.

Die Anlage von S t e i n b r ü c h e n im Uferbereich der Seen, wie gerade am Traunsee und am Attersee.

Die Anlage von landschaftsstörenden und landschaftszerstörenden S t r a ß e n im Uferbereich, wie etwa die projektierte Forststraße durch die Steilabstürze des Traunsteins, mitten durch wärmezeitliche Relikt-Lindenwälder; der Promenadeweg um den Bürgelstein am Wolfgangsee. In diesem Zusammenhang auch die Verdrängung der Wanderwege durch die Motorisierung, wie etwa an der Traunstein-Straße von Gmunden zum „Hois'n".

Der L ä r m,
vor allem durch die Motorbootraserei ausgelöst. In Österreich gibt es über 4.000 Motorboote, die sich austoben müssen: auf unseren Seen! Dabei bietet das Beispiel Niederösterreichs, etwa mit dem Lunzer See, zu erkennen, wie geruhsam und erholsam Elektroboote sein können.

Von besonderer Pikanterie ist die Lage am Neusiedler See: 400 Pfahlbauten im Schilfbereich wurden widerrechtlich und ohne behördliche Genehmigung im dortigen Landschaftsschutzgebiet errichtet: nun wird die Zulassung des ebenfalls verbotenen Motorbootverkehrs mit der Argumentation gefordert, daß man doch mit diesen (widerrechtlichen) Motorbooten zu den (ebenfalls widerrechtlich gebauten) Hütten gelangen müßte . . .

Die V e r u n r e i n i g u n g durch:

T r e i b s t o f f und dessen Rückstände: vom Wörthersee allein werden jährlich 7.000 l Rückstände gemeldet!

Durch F a b r i k s a b w ä s s e r, durch die D e t e r g e n t i e n der neuen Waschmittel, durch F ä k a l i e n: mancher Besucher unserer schönsten Alpenseen ahnt nicht, in welcher Kloake er wortwörtlich badet! Die Bundesanstalt für Wasserbiologie und Abwasserforschung mit ihrem Direktor Doz. Dipl.-Ing. Dr. Reinhard L i e p o l t könnte darüber in erster Linie konkret sprechen.

Z e l t e n und Lagern, wodurch das Landschaftsbild ebenso beeinträchtigt werden kann wie die Verschmutzung der Seen vermehrt, weshalb z. B. seitens des Landes Salzburg ein diesbezügliches Verbot ausgesprochen wurde.

Die S p i e g e l s c h w a n k u n g e n
im Zuge der Energiegewinnung müßten grundsätzlich den gegebenen natürlichen Rahmen einhalten, bzw. dürften diesen nur unwesentlich überschreiten. Das traurig-mahnende Beispiel des Gosausees vor Augen — von den Technikern selbst als eine „Verirrung" ihrer Frühzeit bezeichnet —, schiene es, daß in unserer Zeit das Kompromiß Traunsee eine durchaus tragbare Möglichkeit aufzeigen sollte: dessenungeachtet droht für die Zukunft ein neuerliches Projekt mit 42 m (!) Spiegelschwankungen an einem unserer schönsten Alpenflüsse, das in dieser Form von seiten des Naturschutzes als gänzlich undiskutabel bezeichnet werden muß.

Eine Aufzählung dieser Beispiele würde ins Uferlose führen. Die herausgegriffenen Fälle mögen den Rahmen aufzeigen und die gegebenen Möglichkeiten einer Abhilfe.

## Möglichkeiten einer Sanierung

liegen in:

Gesetz,
Privater Initiative,
Ankauf,
Koordination und Planung,
Propaganda.

## Das Gesetz

Dem Gesetz obliegt die Wahrung des Notwendigen in der menschlichen Gemeinschaft. Die gegenständlich gegebenen Möglichkeiten — zur Sicherung unserer Seen — liegen im:

Wasserrechtsgesetz 1959. Darin sind festgehalten: Ziel und Begriff der Reinhaltung. „Alle Gewässer einschließlich des Grundwassers sind im Rahmen des öffentlichen Interesses und nach Maßgabe der folgenden Bestimmungen so reinzuhalten, daß die Gesundheit von Mensch und Tier nicht gefährdet, Grund- und Quellwasser als Trinkwasser verwendet, Tagwässer zum Gemeingebrauch sowie zu gewerblichen Zwecken benutzt, Fischwässer erhalten, Beeinträchtigungen des Landschaftsbildes und sonstige fühlbare Schädigungen vermieden werden können." Weiters ist die „Allgemeine Sorge für die Reinhaltung" festgehalten, sowie die erforderlichen Wirtschaftsbeschränkungen im Bereich von Gewässern. Schließlich ist das „Öffentliche Interesse" definiert, das u. a. vorliegt, wenn „ein schädlicher Einfluß auf den Lauf, die Höhe, das Gefälle oder die Ufer der natürlichen Gewässer herbeigeführt würde; die Beschaffenheit des Wassers nachteilig beeinflußt würde; eine wesentliche Behinderung des Gemeingebrauches, eine Gefährdung der notwendigen Wasserversorgung, der Landeskultur oder eine wesentliche Beeinträchtigung oder Gefährdung eines Denkmales von geschichtlicher, künstlerischer oder kultureller Bedeutung oder eines Naturdenkmales, der ästhetischen Wirkung eines Ortsbildes oder der Naturschönheit entstehen kann."

Die Seenverkehrsordnung 1961: das Beispiel einer musterhaften Rahmenbestimmung. Es bietet die Möglichkeit, der Motorbootraserei Einhalt zu gebieten: durch die Beschränkung der Höchstgeschwindigkeit auf freien Wasserflächen mit 50 km/h, in einem 200 m-Uferstreifen auf 10 km/h und eine Beschränkung der Mietfahrzeuge auf Elektroboote mit Motoren von höchstens 500 Watt Leistung. Derart ermöglicht dieses Gesetz Einschränkung des Motorbootverkehrs auf nahezu sämtlichen Seen, unterbindet dadurch Lärm und Unruhe auf den Seen, schützt vor Verunreinigung durch

Treibstoffe und deren Rückstände, berücksichtigt speziell die Interessen von Fischerei und Naturschutz.

Verordnungen auf Grund dieser Seenverkehrsordnung wurden bisher erlassen:

Kärnten hat durch vier Verordnungen verboten: den Verkehr mit Fahrzeugen mit Verbrennungsmotoren (Motorboote) auf nahezu allen Kärntner Seen, sowie die Benützung von Zweitakt-Motoren auf dem Ossiacher See und dem Wörthersee.

Salzburg hat verboten: den Motorbootverkehr auf allen Seen im Sinne des Gesetzes, mit Ausnahme des Wolfgangsees, auf dem das Verbot auf die Sommermonate und verschiedene Uferzonen (im Bereiche der 200 m-Schutzzone) beschränkt ist.

Tirol beantragt das Verbot der Motorbootfahrzeuge für sämtliche Seen, mit Ausnahme des Aachensees, in dem das Verbot auf die Uferschutzzonen beschränkt bleiben soll.

Burgenland beabsichtigt ein Verbot für Motorbootfahrzeuge für den Neusiedler See, die Sodalachen des Seewinkels und den Neufelder See.

Oberösterreich beabsichtigt die Schaffung von Schutzzonen und Sperrgebieten für die oberösterreichischen Salzkammergutseen.

Niederösterreich hat durch Verordnungen verboten: den Verkehr mit Motorbooten auf den Kamp-Stauseen und dem Lunzer See, auf dem allein gewerbliche Elektroboote mit einer Höchstgeschwindigkeit von 6 km/h verkehren dürfen.

Niederösterreich hatte bereits 1927 auf Grund des Naturschutzgesetzes und auf der Basis eines Flächenwidmungsplanes den Lunzer See gegen Motorbootverkehr, Verunreinigung und Verbauung geschützt. Auch der Erlaufsee erscheint auf Grund des Naturschutzgesetzes — im Landschaftsschutzgebiet Ötscher-Dürrenstein gelegen — gegen Verbauung geschützt, ebenfalls auf der Grundlage eines Flächenwidmungsplanes.

Die Naturschutzgesetze ermöglichen derart durch die Schaffung von Natur- und Landschaftsschutzgebieten einen weiteren Schutz unserer Seen.

Niederösterreich und Oberösterreich haben die Staninger und Mühlradinger Staue an der Enns zu Landschaftsschutzgebieten erklärt.

Oberösterreich hat darüber hinaus den Motorbootverkehr auf zahlreichen kleineren Seen verboten.

Auf Grund des Naturschutzgesetzes wurden 500 m-Uferschutzzonen geschaffen und zwar in O b e r ö s t e r r e i c h längs sämtlicher Seen des Landes, in S a l z b u r g an zahlreichen Seen.

In K ä r n t e n sind zu Landschaftsschutzgebieten erklärt: Weißensee, Faaker See, Klopeiner See, Millstätter See und zahlreiche kleinere Seen.

S t e i e r m a r k hat die drei steirischen Salzkammergutseen zu Naturschutzgebieten erklärt, die meisten übrigen Seen des Landes zu Landschaftsschutzgebieten.

Im B u r g e n l a n d besteht das Landschaftsschutzgebiet Neusiedler See.

Spezielle S e e u f e r s c h u t z v e r o r d n u n g e n bestehen in:

O b e r ö s t e r r e i c h durch die Verordnung zum Schutz der Seeufer 1940,

K ä r n t e n durch eine gleichnamige Verordnung aus 1948,

T i r o l durch die Gewässerschutzverordnung 1952 und eine Untersuchung der Landesplanung,

V o r a r l b e r g durch die Landschaftsschutzverordnung für die Seen des Gaues Tirol und Vorarlberg.

S o n s t i g e V e r o r d n u n g e n, die mit Erfolg herangezogen werden können, sind ganz allgemein die L a n d e s b a u o r d n u n g e n und deren Novellierungen. Gegenständlich für Oberösterreich seien beispielsweise genannt: die Oberösterreichische B a u o r d n u n g s n o v e l l e, das Gesetz über die A u f s c h l ü s s e l u n g   v o n   W o h n s i e d l u n g s g e b i e t e n und die Verordnung über die R e g e l u n g   d e r   B e b a u u n g.

Eine Ausarbeitung von Univ.-Prof. Dr. Adolf M e r k l über

## Die Rechtsgrundlagen des Seenschutzes

hat folgenden Wortlaut:

Die gegenwärtige österreichische Rechtsgrundlage ergibt sich aus Bestimmungen des P r i v a t r e c h t e s, des W a s s e r r e c h t e s — das ein Bestandteil des V e r w a l t u n g s r e c h t e s ist — und des N a t u r s c h u t z r e c h t e s. Hiedurch sind einerseits Rechtsvorschriften des Bundesrechtes, andererseits der Rechtsordnungen der Länder, in denen die Seen gelegen sind, in einer komplizierten Weise verzahnt. Soweit die gegenwärtige Rechtslage unbefriedigend ist, kann ein wirksamerer Schutz der Seen im Gemeininteresse bei entsprechender Geneigtheit der zuständigen Landtage und Landesregierungen dank der Bestimmung des Art. 15, Abs. 9 des Bd. Verf. Ges. herbeigeführt werden. Hienach sind die Länder im Bereich ihrer Gesetzgebung befugt, die zur Regelung des Gegenstandes erforderlichen Bestimmungen auch auf dem Gebiet des S t r a f - und Z i v i l r e c h t e s zu treffen. Das geeignete Mittel zu diesem Zwecke sind Eigentumsbeschränkungen der

44

Ufereigentümer und Freiheitsbeschränkungen der Benützer der Seen, die durch Bestimmungen der nach Art. 15, Abs. 1 in die ausschließliche Zuständigkeit der Länder fallenden Naturschutzgesetze, bzw. auf Grund der geltenden Naturschutzgesetze getroffen werden.

Die derzeit geltenden N a t u r s c h u t z g e s e t z e der Länder ermöglichen einerseits durch die Rechtsfigur der Naturdenkmale, andrerseits durch die Handhaben des Naturgebietsschutzes bereits nach der gegenwärtigen Rechtslage weitgehende, im unbestreitbaren Gemeininteresse liegende Beschränkungen der Ufereigentümer und der Seenbenützer. Soweit diese Beschränkungen nicht genügen, oder eine dem gedachten Zwecke entsprechende Auslegung der geltenden Bestimmungen von den Landesbehörden nicht gutgeheißen wird, müßten die Interessenten des Naturschutzes, die hier als berufene Anwälte der Gemeininteressenten auftreten, versuchen, Ergänzungen oder Änderungen der Landesnaturschutzgesetze und ihrer etwaigen Durchführungsverordnungen zu erwirken. Ein allgemeines Rezept kann vom grünen Tisch in Anbetracht der länderweise verschiedenen Rechtslage nicht gegeben werden.

In manchen Fällen kann eine entsprechende Handhabung der L a n d e s b a u o r d n u n g e n oder deren gesetzliche Novellierung das gewünschte Ziel erreichen.

Allgemeingültig kann eine Erweiterung des Kreises der zu ö f f e n t l i c h e n G e w ä s s e r n qualifizierten Seen erwogen und versucht werden, da der Charakter eines Sees als „öffentliches Gewässer" stärkere Bindungen im Sinne der Allgemeininteressen in sich schließt. Nach dem Anhang A zum Wasserrechtsgesetz BGBl. 54 aus 1959 sind bloß der Neusiedler See, Wörther See, Weissensee, Ossiacher See, Traunsee, Attersee und der Bodensee zu öffentlichen Gewässern erklärt. Eine Ergänzung dieser Liste würde eine Novellierung des Bundes-Wasserrechtsgesetzes von 1959 bedingen.

Angesichts derart weitreichender gesetzlicher Möglichkeiten ergibt sich die Frage, wie all das geschehen konnte, wovon wir alle nur zu gut Kenntnis haben?

Aus einer derartigen Diskrepanz zwischen gesetzlichen Möglichkeiten und tatsächlichen Auswirkungen ergibt sich die Notwendigkeit einer entsprechenden H a n d h a b u n g der gegebenen gesetzlichen Möglichkeiten.

So sprach z. B. Univ.-Prof. Dr. Felix Ermacora auf dem Ersten österreichischen Juristentag 1961 von „allen gesetzlichen Mitteln einer Rechtsordnung, s o f e r n e d i e s e e i n g e s e t z t w e r d e n"! Ähnlich heißt es in einer Zuschrift aus Tirol: „Gegen alle diese Gefahren schützt die Verordnung der Landesregierung, v o r a u s g e s e t z t, d a ß s i e a n g e w e n d e t w i r d . . ." Oder aus Steiermark: „Nach ha. Ansicht müßte es daher genügen, die Bestimmungen der genannten Seenverkehrsordnung im Zusammenhange mit den Bestimmungen einer Naturschutzgebietsverordnung e n t s p r e c h e n d a n z u w e n d e n, um sowohl die Seeufer, als auch das Wasser selbst in einem natürlichen Zustand zu erhalten. Unter diesen Voraus-

setzungen erscheint daher die Erlassung von Seeuferschutz- oder Gewässer-
schutzverordnungen zumindest in Steiermark nicht notwendig."

Allerdings stellt die „Österreichische Gesellschaft zur Förderung von
Landesforschung und Landesplanung" am Schluße einer einschlägigen Untersuchung schließlich resigniert fest: „Gesetzliche Maßnahmen und Verbote
allein sind k e i n   w i r k s a m e r   S c h u t z gegen die Seeuferverbauung!"

Lediglich aus V o r a r l b e r g wird berichtet, daß das Bauverbot im
Naturschutzgebiet Rheinau auf Grund der einstweiligen Sicherstellung aus
1942 restlos durchgeführt wird und die einschlägigen Bestimmungen „besonders im unverbauten Gebiet äußerst rigoros gehandhabt" werden (Landes-
amtsdirektor Elmar Grabherr auf dem Ersten österreichischen Juristentag).

Andererseits wurde beispielsweise von der zuständigen Behörde des Landes Oberösterreich der Abbruch eines widerrechtlich gebauten Wochenend-
hauses am I r r s e e verfügt. Dagegen wurde der Verwaltungsgerichtshof angerufen, um die begangene Rechtsverletzung sanktioniert zu bekommen. Der
Verwaltungsgerichtshof wies die Beschwerde ab — das Haus steht heute
immer noch.

Ganz allgemein und allbekannt werden die viel zu geringfügigen Straf-
androhungen in der Regel bereits in die Baukosten von vornherein gleich ein-
kalkuliert!

Darüber hinaus muß grundsätzlich und mit aller Deutlichkeit ausgesprochen werden, daß j e d e   g e s e t z l i c h e   B e s t i m m u n g   s i n n l o s
wird, wenn dagegen immer wieder i n t e r v e n i e r t werden kann und wird:
ein restlos unwürdiger Zustand!

Allein in Oberösterreich werden jährlich 800 Anträge um Ausnahme-
nehmigungen für Bauten eingereicht; man kann sich unschwer die Schwierigkeit vorstellen, alle diese Ansuchen abzuweisen! Im Memorandum der Kärntner Kurorteplaner jedoch heißt es unmißverständlich, daß A u s n a h m e -
g e n e h m i g u n g e n auch ‚A u s n a h m e n   b l e i b e n müssen — und
nicht die Regel!

## Der Ankauf

bedrohter Gebiete ist auf alle Fälle die verläßlichste Sicherung: ein Aufgabe
der öffentlichen Hand! So hat Oberösterreich im Jahre 1961 fast eine halbe
Million Schilling für den Erwerb von Seeufer-Grundstücken ausgeworfen;
Vorarlberg bemüht sich um Ankauf der Bodensee-Ufer im Gebiete des Rhein-
deltas.

## Private Initiative

vermag sich in A n t r ä g e n an die Behörde auszuwirken, die nicht von
allen Vorkommnissen im Lande Kenntnis haben kann.

Zu den Wirkungsmöglichkeiten privater Initiative zählt auch die A n -
p a c h t u n g gefährdeter Gebiete, wie etwa durch den Österreichischen
Naturschutzbund im Seewinkel des Neusiedler Sees; diese Pachtgebiete wurden nach zehnjähriger Dauer nunmehr seitens der Gemeinden aufgekündigt,
die Gebiete sind damit schutzlos geworden. Von seiten der Biologischen

Station Wilhelminenberg (Otto König) wurden Rohrschutzgebiete im Schilfgürtel des Neusiedler Sees geschaffen, da zu deren Schutz keinerlei behördliche Maßnahme zu erreichen war.

In der

## Koordinierung

der verschiedensten Interessen an dem einen Objekt: dem Gewässer, besteht
eine weitere Möglichkeit zu deren Sicherung. Eine derartige Koordinierung
liegt in der Abstimmung aller Interessen und damit im Wesen wahrhafter
Demokratie. Denn eines darf nicht übersehen werden: Freiheit ist eine Sache,
und Hemmungslosigkeit eine andere!

Die Möglichkeiten einer derartigen Koordination ergeben sich:

1. Im Zuge der gesetzlich vorgeschriebenen Verfahren.
2. Durch die im Wasserrechtsgestz festgelegten Rahmenpläne, Rah-
   menverfügungen, Rahmenplanungen und Sanierungspläne (§§ 53, 54, 55,
   92).
3. Durch vorausschauende Planung in Form von Flächenwidmungsplänen.
   Derartige Flächenwidmungspläne wurden in Niederösterreich wiederholt
   als Grundlage für Schutzgebietserklärungen herangezogen (wie am Lunzer
   See und Erlaufsee). Oberösterreich hat einen „Generellen Flächenwidmungsplan Attersee" erstellt, in Salzburg ist eine Seenplanung für den
   Wallersee in Ausarbeitung.
   Dabei ergibt sich jedoch als neues Problem die Umgehung rechtskräftig gewordener Flächenwidmungspläne dadurch, daß vor privaten
   Badeplätzen auf die Seefläche Hausboote oder Flösse verankert werden.
   Dagegen müssten ehebaldigst wirksame Maßnahmen gefunden werden.
4. Durch freie Übereinkommen, wie etwa das Kompromiß am Traunsee mit der projektierenden OKA, das ein ebenso vorbildliches wie ver-
   pflichtendes Beispiel darstellt. Auch die zuständige Güterdirektion am Neusiedler See wäre zur Begrenzung des wilden Bauens im Schilfgürtel durchaus bereit. In dieser Form ergibt sich jedenfalls eine weitere Möglichkeit
   wirksamer Sicherung, die verfolgt werden sollte. —

*Wenn aber derart aus der Erkenntnis des Notwendigen das ordnende
Gesetz erwächst, so bedarf dies seinerseits wiederum des allgemeinen
Interesses, der lebendigen Mitwirkung der Öffentlichkeit und schließlich der
propagandistischen Unterstützung: denn die Natur selbst kann nicht sprechen,
sie besitzt auch keinen Anwalt — und vor allem, sie stellt keine Gutachten!
So will hier der Naturschutz eintreten: auf Grund der ethischen Verpflichtung, das Gewordene zu achten, das Lebendige nicht leichtfertig zu zerstören,
das wir nicht selbst geschaffen und das wir nicht wiederherstellen können. So
betrachtet es speziell der Österreichische Naturschutzbund als seine Aufgabe,*

*Sprachrohr zu sein für das Notwendige,*
*damit das Unerläßliche geschehe!*

# Diskussionsbeiträge

Doz. Dipl.-Ing. Dr. Reinhard L i e p o l t (Wien):

Gestatten Sie mir, daß ich zur Frage der G e w ä s s e r g ü t e Stellung nehme. Diese Güte charakterisiert sich durch physikalische, chemische und biologische Eigenschaften. In einem natürlichen Gewässer stehen diese in gegenseitiger Beziehung und im Gleichgewicht. Verändert der Mensch maßgeblich eine oder mehrere von diesen Komponenten, wie dies durch Verbauung und in hohem Maße durch Zufuhr von Gewässerfremdstoffen erfolgt, dann reagiert besonders ein stehendes Gewässer, ein See, zumeist auch im äußeren Erscheinungsbild sehr rasch. Auffällig sind z. B., Fischsterben, die starken Algenentwicklungen, die dem Wasser ein schmutziges Aussehen verleihen, oder das zunehmende Wachstum von sogenannten Schlingpflanzen, abgesehen von Trübungen und Färbungen durch Abwässer.

Verändern einerseits künstlich zugeführte mineralische und organische Stoffverbindungen sowie die Verbauung der Uferränder oder die künstlichen starken Seespiegelschwankungen den Lebensraum sehr nachteilig, weil sie das biologische Gleichgewicht stören, so gefährden andererseits hygienisch bedenkliche Abwässer, wie sie aus sanitären Anlagen kommen, die Gesundheit der Bevölkerung und den Gemeingebrauch des Wassers. Krankheitskeime können nachgewiesenermaßen beträchtlich lang im Gewässer leben und virulent bleiben. Amerikanische Reihenuntersuchungen über den Einfluß mehr oder weniger verschmutzten Badewassers in Freibädern auf die Erkrankungshäufigkeit und den körperlichen Zustand der Badenden stellten fest, daß Kinder unter 10 Jahren doppelt so häufig erkrankten wie Badegäste mit einem Alter über 10 Jahren. Mit der Verschlechterung der bakteriologischen Wasserqualität ging auch eine Zunahme der Magen-Darm-Störungen einher. Die Hauptprobleme des Schutzes der Güte eines Sees umfassen somit die extreme Veränderung seines N ä h r - s t o f f h a u s h a l t e s durch Zufuhr von düngenden Substanzen sowie die h y g i e n i s c h e B e e i n t r ä c h t i g u n g — beides bewirkt durch Abwässereinleitungen.

Die eingehenden Untersuchungen der Bundesanstalt für Wasserbiologie und Abwasserforschung in den letzten Jahren an österreichischen Seen haben ergeben, daß diese durch vorgenannte Beeinflussungen rasante Verschlechterungen erlitten. So zeigte der Z e l l e r S e e in Salzburg als Folge der Einleitung der nährstoffreichen städtischen Abwässer eine starke Eutrophierung und eine beträchtliche Sauerstoffverarmung, die in der Tiefe bis zum völligen Schwund mit gleichzeitiger Anreicherung von Amoniak, Eisen- und Manganverbindungen in beträchtlicher Höhe führt. Die Folge ist, daß sauerstoffliebende Edelfische wie die Reinanken sich nicht mehr natürlich fortpflanzen können. Weiters zeigte sich das Auftreten von Bakterien fäkaler Herkunft im gesamten Wasserkörper — ein Zeichen, daß diese, vielleicht begünstigt durch die Eutrophierung, weiterleben bzw. sich vermehren können. Vom Standpunkt der Reinhaltung der Gewässer und in hygienischer Hinsicht ergab sich an diesem See schon eine sehr bedenkliche Situation, die aber bereits erkannt wurde. Diesbezügliche Abhilfe ist bereits im Gange. Die Fremdenverkehrsgemeinde baute in Erkenntnis der Gefahr eine Ufersammelkanalisation und am Ende des Sees eine moderne biologische Kläranlage, beides kurz vor der Vollendung stehend. Die gereinigten Abwässer von etwa 90% der Bevölkerung werden künftighin dem Zellersee völlig ferngehalten und dem nährstoffarmen Salzachfluß zugeleitet. Diese Sanierungsmaßnahme steht nachahmenswert führend in Europa da und soll zeigen, daß es heute möglich ist, bei guter Zusammenarbeit zwischen Behörden, Gemeinden und Wissenschaft finanzielle und technische Lösungen zu finden.

Der A t t e r s e e, ein anderes Beispiel, zeigt hingegen, daß seine Hauptwassermasse noch gesund ist, nicht jedoch ein beträchtlicher Teil seiner für den Gemeingebrauch so bedeutsamen Uferpartien. Eine eingehende Untersuchung dieser Zonen während der Sommersaison 1961 ergab im Bereich der Siedlungsgebiete eine Verschmutzung, die ein erträgliches Maß bereits stark überschritt. Als besonders krasses Beispiel sei ein Badeplatz angeführt, der an der Ufermauer und am seichten Ufergrund einen Sphaerotilusaufwuchs aufwies, wie er unserer Erfahrung nach nur in stärkst verschmutzten Gewässern auftritt. Die Keim- und Colizahlen waren entsprechend hoch. Die biologische Kartierung der gesamten Uferstreckte ließ alle lokalen Verschmutzungsherde sofort erkennen.

Der Attersee, als Beispiel der sogenannten reinen, oligotrophen Alpenseen, unterscheidet sich vom Zellersee in der Größe wie auch durch seine hydrologischen Eigenheiten. Es kann jedoch nicht von der Hand gewiesen werden, daß bei sorgloser Behandlung der Abwasserfrage sich auch in solchen großen Gewässern Zustände einstellen werden, die zu einer Änderung des Seeregimes führen, siehe Bodensee. Da es sich bei unseren Alpenseen in erster Linie um Erholungsgebiete handelt, muß aber vor allem deren „Appetitlichkeit" um jeden Preis erhalten bleiben. Die Forderung, daß man an einem See wenigstens im Strandbad unbedenklich baden kann, dürfte doch nicht zu weitgehend sein.

Ein anderer See, der M i l l s t ä t t e r s e e, ist wieder durch die Einleitung hoch alkalischer mineralschlammhältigen Abwässer der Magnesitindustrie sehr gefährdet. Der Grad seiner Verlaugung ist bedenklich hoch. Die pH-Zahlen seines ganzen Seewassers erreichen bereits den Wert 9 und darüber. Es besteht somit ein gewaltsamer Eingriff in den Seehaushalt, der sich besonders fischereilich ungünstig auswirken kann, wenn die pH-Werte noch weiter zunehmen. So könnten noch ähnliche Beispiele erwähnt werden.

Es ist somit höchste Zeit, daß planvolle Maßnahmen gegen weitere Verschlechterungen ergriffen werden. Dazu zählen in erster Linie

systematische Untersuchungen der Gewässergüte und Kontrolle der Zustände und

die Fernhaltung von Gewässerfremdstoffen durch Bau von Ufersammelkanälen, Ableitungen, mechanischen und biologischen Kläranlagen sowie Versickerungen, wo diese möglich sind, um die Nährstoffe weitgehend zurückzuhalten.

Eine Sanierung von stark verunreinigten Seen durch Hochpumpen des Tiefenwassers und Versprühung an der Oberfläche zur Sauerstoffanreicherung kann nicht ohne weiters empfohlen werden, weil das nährstoffreiche Wasser aus der Seetiefe in der belichteten Oberflächenschichte eine Düngung und damit eine sekundäre Verunreinigung bewirken kann. Hingegen soll geprüft werden, ob die Möglichkeit besteht, das kalte sauerstoffarme Wasser aus der Tiefe in den Seeabfluß zu bringen, das heißt, daß der kranke See gezwungen wird, nicht von oben, sondern von unten her abzufließen.


Prof. Dr. Otto K r a u s (München):


Wenn man die Liste der Diskussionsredner durchsieht, bin ich nicht dabei. Ich habe mich nämlich deshalb nicht gemeldet, weil bei uns die Verhältnisse ganz genau so sind wie bei Ihnen. Wir raufen uns also, kurz gesagt, genau so wie Sie um die Erhaltung der Seenlandschaften. Nachdem ich nun aber aufgefordert worden bin, etwas zu sagen, möchte ich wenigstens einige Punkte herausstellen:

Die Zurückdrängung und der Verschleiß der Natur im Bereich der Seen scheint also überall gleich zu sein. Hinsichtlich der M o t o r b o o t e u n d d e s M o t o r b o o t v e r k e h r s auf den Seen sind Sie uns aber offensichtlich voraus. Wir haben zwar auch eine Schiffahrtsordnung, die vor mehreren Jahren herauskam, aber da man damals noch nicht so genau absehen konnte, wie sich das sogenannte Wirtschaftswunder im Hinblick auf die Beschaffung von Motorbooten auswirken würde, gibt unsere Verordnung offenbar nicht die gleichen, weitreichenden Möglichkeiten. Nur am Waginger See bei Laufen und auf dem Königssee im dortigen Naturschutzgebiet ist jeder Motorbootverkehr mit Verbrennungsmotoren seit langem untersagt. Dann wurde kürzlich am Simssee bei Rosenheim die üble Motorbootraserei durch Stillegung von Booten abgestellt, wobei allerdings die See-Eigentümer

50

und Fischer ihre Motorboote unter bestimmten Bedingungen weiter verwenden dürfen.

Als nächstes möchte ich ganz kurz auf eine Frage eingehen, die auch
uns sehr viel Sorge macht. Ganz zu Anfang sagte einer der Herren Vorredner, daß die freien Seeufer u n s a l l e n gehörten. Das entspricht genau
unserer Auffassung. Es sollte also unmöglich sein, daß auch heute noch immer
einzelne Begüterte sich in den Besitz von Seegrundstücken setzen, um sie
zu verzäunen und zu bebauen. Wir wollen also die Seen für die Allgemeinheit erhalten, aber gerade diese Allgemeinheit ist es, die uns das meist nur
wenig dankt: Die Ufer werden durch die Massen häufig unglaublich her-
gerichtet, insbesondere auch durch das Zurücklassen von Abfällen und Unrat.
Wir haben nun versucht, an schutzwürdigen Uferlandschaften größere
Strecken als Badestrand auszuweisen, um andere Strecken in ihrer Ursprüng-
lichkeit zu erhalten, auch aus ökologischen Gründen. Dies hat bestimmt große
Vorteile. Wenn aber so viele Menschen kommen, daß schließlich die Kapazität aller freien Uferstrecken nicht mehr ausreicht, dann quellen die Massen
über. Selbst den öffentlichen Ordnungskräften gelingt es dann meist nicht
mehr, mit dieser Entwicklung fertig zu werden. Es ist dies ein Problem, das
noch nicht gelöst ist, aber immer schwieriger wird, weil sich die Seen im
Vergleich zur Bevölkerungszunahme nicht beliebig vermehren lassen.

Zur R i n g k a n a l i s a t i o n : Wir haben eine solche am Tegernsee
im Bau, die in absehbarer Zeit fertig sein wird. Aber auch diese Ringkanalisation hat Nachteile, und zwar folgende: Bisher konnte man einen Teil der
Baugesuche ablehnen, weil man mit Recht sagte, die Abwässer könnten nicht
mehr verkraftet werden. Sobald aber die Kanalisation fertig ist, wird man
sich darauf berufen und sagen, jetzt können wir bauen soviel wir wollen.
Wenn Sie heute von oben auf den Tegernsee schauen, dann sieht das fast
aus wie eine Stadt, die sich um eine größere Wasserfläche gruppiert, ähnlich
wie der Züricher See vom Flugzeug aus. Denn die Siedlungen breiten sich
immer weiter aus. Man fragt sich, wo man sich am Tegernsee letztlich
erholen soll, wenn eines Tages vielleicht alles vollkommen gleichmäßig mit
Villen und Landhäusern verbaut ist. Also wieder ein schwieriges Problem,
kaum lösbar, weil ja unser Grundgesetz die Niederlassungsfreiheit garantiert.

Zu W o c h e n e n d h ä u s e r n : Wir haben heute fast alle unsere
Seen unter Landschaftsschutz. Wir haben hierfür eine Planung durchgeführt.
Einige Seen sind sogar unter strengem Schutz, vor allem kleinere, die ökolo-
gisch und vor allem auch floristisch und ornithologisch sehr wertvoll sind.
Aber die Rechtsprechung bei uns hat gezeigt, daß man mit Landschaftsschutz
im allgemeinen kein absolutes Bauverbot erreichen kann. Die Rechtsprechung
ist nämlich unterschiedlich. Einmal heißt es, es ist unmöglich, daß in einem
Landschaftsschutzgebiet gebaut wird, denn der Nächste würde eine Ausnahmegenehmigung als Bezugsfall betrachten und das gleiche für sich fordern. Andererseits ist bei uns ein Verwaltungsgerichtsurteil vorhanden, das

heißt: „Wenn das Haus oder das Wochenendhaus in der Landschaft nicht verunstaltend wirkt, so kann es nicht abgelehnt werden." Aber ich frage mich, wo wir dann mit unserem Landschaftsschutzgebiet hinkommen. Wenn jeder nämlich so baut, daß es nicht verunstaltend wirkt, dann ist am Schluß das ganze Landschaftsschutzgebiet zugebaut, was ja dem Zweck des Landschaftsschutzes absolut widerspricht. Verwaltungsgerichte haben tatsächlich entschieden, daß mit einer solchen Handhabung letztlich der ganze Landschaftsschutz aufgehoben würde. Sie sehen, die Rechtsprechung ist unterschiedlich, und es bleibt auch bei uns gar nichts anderes übrig als das, was auch Sie vorhaben, nämlich die freien Seeufer, soweit Sie sie bekommen können, aufzukaufen. Das ist wiederum schwierig, weil ja durch die Spekulanten der Preis für Ufergrundstücke so hoch geworden ist, daß hier wiederum die Gemeinden im freien Wettbewerb nicht mitmachen können. Sie sehen, wie hier eine Schwierigkeit nach der anderen auftaucht.

Und dann kommt schließlich noch die Umgehung der Gesetze dazu: Sie sind z. B. an einem Frühlingssonntag an einem See und freuen sich darüber, wie es gelungen ist, größere Uferstrecken von Bebauung freizuhalten. Sie kommen acht Tage später hin, und da stehen plötzlich zwei Häuschen vollkommen fertig da, umgeben von einem Zaun. Sie gehen der Sache nach. Was ist passiert? Die Leute haben sich Ufergrundstücke gepachtet und die Häuschen ohne Erlaubnis mit einer Anzahl von Helfern über Nacht aufgestellt. Nur bisweilen gelingt es, solche Bauten wieder zu beseitigen. Weil aber nun nach dem Gesetz nur das als Bauwerk gilt, was fest mit dem Boden verbunden ist, kamen Einzelne auf einen neuen Dreh: Man montiert ein ganzes Wochenendhaus auf Räder und fährt es auf das gepachtete oder gekaufte Grundstück. Die Räder werden dann blockiert, irgendwie verkleidet und das Haus steht fertig da. Da ich kein Jurist bin, kann ich nicht sagen, welche Möglichkeiten sich zur Beseitigung in diesem Falle bieten.

Und noch eine E r f a h r u n g : Hat einer schwarz gebaut, dann hat er bekanntlich die Möglichkeit, gegen ein ergangenes Urteil Berufung einzulegen; es geht nun hin und her, und das Interessante dabei ist, daß der Bausünder für sich Schutz verlangt, während die geschützte Landschaft nach seiner Auffassung vogelfrei sein soll.

Schließlich noch eine N e u e r u n g , die Ihnen vielleicht noch nicht bekannt ist: Am Bodensee wurden die ersten schwimmenden Wochenendhäuser gesichtet, die auf einem Floß montiert sind. Ein solches Wochenend-Hausschiff wollte man auch auf einem unserer unter Vollnaturschutz stehenden Seen unterbringen. Die Schutzverordnung und der Eigentümer haben dies aber glücklicherweise verhindern können.

Das ist ungefähr alles, was ich Ihnen sagen wollte, und es bedarf wirklich einer ungeheuren Anstrengung der verschiedenen Behörden, der Gemeinden, des Naturschutzes, des Fremdenverkehrs, um in gemeinsamer Arbeit die jetzt in Gang befindliche Entwicklung nur irgendwie zu lenken. Ob man ihr Herr wird, weiß ich nicht. Wir müssen ja weiter denken. Wie wird es in 40 Jahren an unseren Seen aussehen? Wird es möglich sein, den jetzigen Zustand allein hinsichtlich der Bautätigkeit zu erhalten? Ich weiß es nicht.

Aber das darf uns nicht verzagen lassen weiterzuschaffen, in der Hoffnung, daß gerade dadurch, daß die Zerstörungen immer sichtbarer werden und der Protest der Natur gegen die Zerstörungen durch die Menschen immer größer wird, eine endgültige Umkehr erfolgt.


Prof. Dr. Ing. H. V ö l k e r (Wien):

Wir haben heute morgens gehört, daß wir in Österreich wohl schon Handhaben und gesetzliche Grundlagen für viele Notwendigkeiten des Naturschutzes besitzen, daß aber deren Anwendung noch sehr im argen liegt. Daher sollte man auch nach anderen Wegen suchen, um Verbesserungen zu erreichen, z. B. durch anregende Wirkung auf diejenigen Kreise, welche durch ihre technischen Erzeugnisse zur Verschandelung der Natur beigetragen haben, ohne es zu wollen. Ich möchte dafür einige Beispiele aus meinem Arbeitsgebiet anführen; sie beziehen sich auf die S c h i f f a h r t  a u f  u n s e r e n  S e e n.

Herr Dr. Einsele hat gesagt, man müsse grundsätzlich den V e r b r e n n u n g s m o t o r  auf dem Wasser  v e r b i e t e n, „außer für wirtschaftlich notwendige Zwecke". Nun, meine Herren, der gesamte F a h r g a s t v e r k e h r  auf den Seen dürfte doch wohl eine wirtschaftliche Notwendigkeit darstellen, die oft lärmenden und rauchenden Verbrennungsmotoren sollten also dafür erlaubt sein. Hier möchte ich noch weitergehen als Herr Dr. Einsele. Man kann nämlich heute lautlose und absolut saubere elektrische A k k u m u l a t o r e n b o o t e  bauen (Öst. Ingenieurzeitschrift, Heft 11, 1960, S. 364), die mit 200 Personen und 16 km pro Stunde auch den normalen Fahrplanverkehr durchhalten können. Ihre Akkus werden im Heimathafen jede Nacht wieder aufgeladen. Zwei derartige Boote fahren bereits auf dem Traunsee. Ihr Bau ist zwar teurer (Fremdenverkehrskredite sind u. U. dazu nötig!), aber sie haben dafür so viel geringere Betriebskosten als Motorboote, daß sie bestimmt nicht unwirtschaftlicher sind. Auch kleine Elektro-Mietboote für vier Personen sieht man schon häufiger, ihr Akku-Antrieb wird hier in Gmunden erzeugt.

Auch die F i s c h e r e i  benutzt heute meist Motorboote. Leider machen diese vielfach d e n  g r ö ß t e n  L ä r m. Hier ist der Einsatz von Elektrobooten ebenfalls möglich, aber wirtschaftlich und vielleicht auch psychologisch schon schwieriger. Man wird daher für die Fischerei auch lärm- und verschmutzungsfreie Motorboote anstreben müssen.

Und nun die S p o r t b o o t e, die immerhin eine gewisse Bedeutung für den Fremdenverkehr haben. Hier müssen zweifellos die Forderungen des

Naturschutzes und die der ruheliebenden Urlauber über wirtschaftlichen Erwägungen stehen, womit ja auch der Herr Referent des Fremdenverkehrs heute morgen ausdrücklich einverstanden war. Ich persönlich halte d a s R a s e n der lauten und ölabsondernden Sportmotorboote und besonders d a s w i l d e  W a s s e r s c h i f a h r e n geradezu für k o m p l e t t e n  U n s i n n, zumal dadurch auch noch Menschen und Sachwerte gefährdet werden. Hier sollte man die obere Geschwindigkeitsgrenze nicht, wie das leider in der neuen Seeverkehrsordnung geschehen ist, auf 50 km/h festlegen, sondern sie rücksichtslos auf 20 km/h herabsetzen! Für das Wasserschifahren, das höhere Geschwindigkeit erfordert, gibt es wieder den elektrischen Ausweg. An zwei Stellen sind in Österreich bereits elektrische W a s s e r s c h i k a r u s s e l s mit Fahrkreisen, die man noch vergrößern könnte, in Betrieb. Sie genügen in ihren abgegrenzten Bereichen auch dem Sicherheitsbedürfnis. Den schleppenden Booten wird 220 Volt-Strom von Land über das Drehzentrum mit einem schwimmenden Kabel zugeführt; damit sind beliebig hohe Geschwindigkeiten ohne Lärm und Schmutz erreichbar.

Nun bleiben noch diejenigen Fälle, wo man den Verbrennungsmotor nicht umgehen kann. Ich meine die verhältnismäßig kleine Zahl der e c h t e n E r h o l u n g s f a h r e r, die mit ihren Booten langsam fahren und die Natur ohne Radau genießen wollen. Sie müssen auf ihren Wanderfahrten von Akku-Ladestationen unabhängig sein. Mit modernen A u ß e n b o r d m o t o r e n fahren sie zwar schon leise, aber im Hafen hinterlassen gerade diese Motoren häßliche Ölspuren. Auch unsere Bootsbauer und Motorimporteure haben inzwischen eingesehen, daß hier etwas geschehen muß. Ja sie bezeichnen unsere rasewütige Jugend geradezu als die Totengräber der Motorbootfahrt. Um nun zu verhindern, daß auch dem ruhigen Erholungsfahrer der Außenbordmotor wegen seiner Verölung einfach verboten wird, sind die Motorenhändler gerade dabei, in einer Art Arbeitsgemeinschaft ein von mir vorgeschlagenes, einfaches Zusatzgerät zu entwickeln, welches das ins Wasser austretende Öl größtenteils auffängt und unschädlich macht. Dadurch wäre auch der Fischerei geholfen. Gelingt der Versuch, so wird in Verbindung mit einer Höchstgeschwindigkeit von 20 km/h durch die verbindliche Einführung dieses Gerätes ein besserer Seenschutz möglich sein, ohne daß durch Verbote, die doch nicht eingehalten werden, echte Erholung behindert wird.

Zum Schluß noch eine Bemerkung grundsätzlicher Art. Die letzte Ursache für die Gefahren, die unseren Seen und Flüssen drohen, liegt doch wohl offenbar darin, daß einmal die Zahl der Menschen ständig wächst und zum anderen j e d e r  e i n z e l n e  M e n s c h  e i n e n  i m m e r  g r ö ß e r e n  L e b e n s r a u m für Wohnung, Reisen und Erholung, aber auch mehr Luft und mehr Wasser zum Verbrauch und zum Verschmutzen beansprucht. Man kann das bedauern, aber im Prinzip nicht ändern. Auch mit unseren Forderungen des Naturschutzes müssen wir daher im Rahmen dieser Übervölkerungstatsache bleiben.

Min.-Rat Dr. Hermann F r ö h l i c h (Wien):

Herr Professor Völker hat angeknüpft an die wirtschaftliche Verwendung der Schiffe und die Bedenken, die man dagegen habe, die e r w e r b s - m ä ß i g e  S c h i f f a h r t einzuschränken. Wir haben, als das Gesetz beraten wurde, das unter dem Titel „Seenverkehrsordnung" herauskam, sehr viel und sehr lang darüber gesprochen, und es hat sich die Frage ergeben, ob man bestehende Gewerbe einschränken dürfe oder nicht. Nach dem Gesetz besteht auch diese Möglichkeit, und zwar ist es in jedem Land dem Landeshauptmann überlassen, die Schiffahrt zum Schutze von Personen, von Tieren und von Pflanzen sowie zur Verhinderung von Belästigungen durch Lärm, Luft- oder Wasserverunreinigung einzuschränken.

Es ist nun bei den eingeführten Linien folgendes zu bedenken. Auf dem Attersee sind im Jahre 1912 Elektro-Motorboote von der Firma Stern und Hafferl, die hier im Ort ansässig ist, eingeführt worden; sie sind sehr ruhig gegangen, sie sind nicht nur langsam gegangen, sondern auch sehr teuer gewesen. Diese Elektroboote sind erst nach dem Jahre 1945 mit ERP-Mitteln in Dieselboote umgebaut worden, weil der elektrische Betrieb zu teuer war und weil außerdem die Schnelligkeit etwas zu gering ist, insbesondere auf dem Attersee, der zu ausgedehnt ist, um — zum Unterschied vom Traunsee — eine Rundfahrt in einer Stunde, wie es das Publikum gerne sieht, das von auswärts herkommt, zu ermöglichen. Es ist daher eine so geringe Geschwindigkeit wie 16 km/h nicht gut denkbar.

Ich möchte aber dazu andererseits sagen: Wenn nur linienmäßige Boote verkehren, und wenn man, wie das bei konzessionierten Unternehmungen viel leichter ist, darauf sieht, daß sie sich an die Vorschriften halten — es ist weniger die Verunreinigung durch das Fahren als die Verunreinigung durch das Auspumpen des Bilgewassers, das ab und zu, wie wir festgestellt haben, geschieht, und man muß darum den Leuten immer etwas auf die Finger sehen —, dann ist die Verunreinigung und die Störung des Sees durch den Linienverkehr, wenn er nicht zu sehr ausgedehnt ist, nicht so schrecklich. Viel unangenehmer ist ja die Häufung. Ich glaube, daß man schon bei diesen Unternehmungen, die schwer ringen, etwas Nachsicht üben muß; denn die linienmäßigen Schiffahrtsunternehmungen sind wohl für den Fremdenverkehr von Bedeutung, sie kämpfen aber schwer. Man darf nicht vergessen, daß jede materielle Belastung für sie schwierig ist. Es war einmal so, daß die Schiffahrt auf dem Attersee den Autobusverkehr susteniert hat, heute ist es höchstens umgekehrt, heute hat der Autobusverkehr die Schiffahrt zu sustenieren. Man muß schon auf die wirtschaftlichen Momente Rücksicht nehmen, damit wir nicht das Kind mit dem Bade ausgießen. Ich glaube, alle Probleme der Motorschiffahrt sind erst aufgetaucht, seit es eben so viele Private gibt, die Unfug mit den Motorbooten machen können.

Wir haben alle Möglichkeiten geschaffen, die Schiffahrt zu verbieten, ob sie erwerbsmäßig oder ob sie sportmäßig ist, aber ich meine, man darf nicht über das Ziel schießen; es ist das im Sinn des Gesetzes. Dort heißt es: „im erforderlichen Ausmaß", und wir müssen bei dem erforderlichen Maß immer denken, daß man nicht zu weit geht, weil man sonst den Protest dieser Kreise bekommt, die zu Unrecht schwer getroffen würden.


Reg.-Ob.-Baurat Dipl.-Ing. Heinz G r o i s s (Linz):


In verschiedenen Vorträgen haben wir heute schon von den großen Problemen und Schwierigkeiten gehört, die uns die geforderte Reinhaltung des Wassers und die Erhaltung des Landschaftsbildes unserer Seen vor Augen stellt. Das oberösterreichische Naturschutzgesetz hat dabei in erster Linie den Schutz des Landschaftsbildes zum Gegenstand und es sagt in einer sehr rigorosen Weise, daß „an a l l e n S e e n, samt ihren Ufern bis zu einer Entfernung von 500 m landeinwärts j e d e r E i n g r i f f i n d a s L a n d s c h a f t s b i l d verboten ist." Nun ist aber, wie wir heute wiederholt gehört haben, ein großer Unterschied zwischen den einzelnen Seen. Während sich der Hochgebirgssee — oder gar der Gletschersee — durch seine Unzugänglichkeit und seine klimatischen Verhältnisse meist selbst weitgehend schützt, sind die Seen unserer Alpentäler und des Flachlandes dem Ansturm der Technik und der Baulustigen ausgesetzt.

Unter den Salzkammergutseen ist es am meisten der A t t e r s e e : Seit die Pfahlbauern über seinem Wasserspiegel ihre ersten Dörfer errichtet haben, ist die Besiedelung hier nicht mehr abgebrochen, und rund um den See ist eine Zahl von Märkten und Dörfern entstanden, die einen lebendigen Organismus darstellen. Das Naturschutzgesetz hier wörtlich anzuwenden und „jeden Eingriff" zu verbieten, wäre weltfremd und ein Würgegriff für die Wirtschaft und den Fremdenverkehr. Nichts schadet aber dem Gedanken des Natur- und Landschaftsschutzes mehr, als wenn er in unrealistischen Sphären, als eine Utopie betrieben wird. Was kann und darf vom Standpunkt eines wirklichkeitsnahen Landschaftsschutzes rund um den Attersee noch zugelassen werden? Seine Ufer sind, wie Sie wissen, nicht von Natur aus geschützt, wie bei manchen anderen Seen durch abwehrende Felswände, sondern flache Wiesen umgeben ihn weithin und laden zum Bauen ein. Er ist erschlossen durch zwei Bundesstraßen, die ihn wie ein Gürtel umgeben, und bald schon wird er auch von der Autobahn berührt werden. Dabei liegt er als beliebter Badesee in der Mitte zwischen Linz und Salzburg und nachbarlich von anderen Städten, wie Bad Ischl, Vöcklabruck und Gmunden. So ist es begreiflich, daß er zum Hauptziel der Bauwütigen geworden ist und damit zugleich zum größten Sorgenkind des Naturschutzes. Ca. 400—500 Anträge auf Erteilung der Ausnahmegenehmigung kommen jährlich zur Naturschutzbehörde. Sie reichen von der geplanten Bungalow-Siedlung über die „Villa am See" herab bis zum Wochenendhaus und zur kleinen Badehütte. Davon betreffen die Mehrzahl wiederum den Attersee.

Um eine zusammenfassende Beurteilungsgrundlage für diese Anträge zu schaffen und nicht von Fall zu Fall Ermessensentscheidungen treffen zu müssen, hat das Amt der o.-ö. Landesregierung als Naturschutzbehörde den „generellen Flächenwidmungsplan Atterseeufer" ausarbeiten lassen, welchen ich Ihnen über Wunsch der Veranstalter der Tagung hier vorführe.

Dieser Plan schlägt eine regionale Regelung vor, mit welcher in erster Linie jene Gebiete festgelegt werden sollen, in welchen Eingriffe in das Landschaftsbild — es handelt sich dabei hauptsächlich um die Errichtung von Bauten — zugelassen werden; es sind dies die in den aufgehängten Plänen grau und rot angelegten Flächen, welche die bestehenden Ortschaften bzw. ihre künftigen Erweiterungsgebiete darstellen und jene, die in ihrer heutigen Form erhalten werden sollen. Diese sind im Plane als „landwirtschaftlich genutzte Gebiete" gelb oder als Wald- und Parkflächen grün ausgewiesen. In wenigen Fällen sind dann noch Flächen vorgesehen als zusätzliche Baugebiete für künftige Wochenendhauskolonien, die auf diese Weise in nicht eingesehene Gebiete konzentriert und ohne wesentliche Störung des Landschaftsbildes untergebracht werden sollen. Natürlich sind in diesem Plan noch weitere Angaben enthalten: die künftige Autobahn, die Ortsumfahrungsstraßen, die anderen bestehenden und geplanten Verkehrswege, Aussichtsstrecken und Aussichtspunkte, welche sich von der Bundesstraße aus darbieten, künftige Camping- und öffentliche Badeplätze sowie Autorast- und Aussichtsplätze an dafür geeigneten Stellen. Der Plan soll aber auch, nicht nur für den Fachmann, sondern für den Laien benützbar sein. Dazu ist er versehen mit einem Band von farbigen Linien, die rund um den See verlaufen und eine leichte Handhabung des generellen Flächenwidmungsplanes ermöglichen. Wenn Sie den Plan dann betrachten wollen, werden Sie viele rote Linien vorfinden. Es sind dies die Bauverbotsstrecken am Seeufer. Die Linien beziehen sich auf den am meisten begehrten Landschaftsstreifen, der sich rund um den See zieht, zwischen der Bundesstraße und dem unmittelbaren Seeufer. Die Beziehung der Widmung dieses Streifens auf die Kilometersteine der Bundesstraße macht es leicht möglich, selbst vom fahrenden Auto aus sich zu orientieren und festzustellen, ob man sich in einer Bauverbotsstrecke oder innerhalb eines zugelassenen Baugebietes befindet. Sie sehen dann noch eine blaue Linie, welche die rote begleitet und anzeigt, wo es sich um Aussichtsstrecken handelt. Zusätzlich ist dann noch eine grüne Linie vorhanden, die besagt, in welchen Teilen des Sees noch natürliche Ufer vorhanden sind. Wo diese grüne Linie nicht aufscheint, da haben wir schon das Naturufer verloren, dort finden wir Mauern oder Anschüttungen vor. Als Maßstab ist nach verschiedenen Versuchen für diese Planung M 1 : 5000 gewählt, in welchem die Parzellengrenzen und -nummern noch genügend sichtbar aufscheinen, wodurch die Verbindung des Planes mit der Natur, aber auch mit dem Katasterplan und dem Grundstücksverzeichnis der Gemeinde hergestellt werden kann.

Wenn Sie mich nun nach der Rechtswirksamkeit dieses Planes fragen, so muß ich Ihnen dazu kurz sagen: Oberösterreich besitzt noch kein Landesplanungsgesetz. Es ist daher weder beabsichtigt noch derzeit möglich, dieser Planung als Ganzes eine Rechtskraft zu geben. Sie ist vielmehr für den amtsinternen Gebrauch bei der Anwendung des Naturschutzgesetzes bestimmt. Es besteht aber die Möglichkeit, daß die einzelnen Gemeinden für ihr Gebiet den Plan beschließen bzw. ihn ihrem eigenen Flächenwidmungsplan zugrunde legen, wodurch er nach den Bestimmungen der o.-ö. Bauordnung rechtskräftig werden kann. Allen Gemeinden des Atterseegebietes wurde zu diesem Zweck für ihr Gemeindegebiet eine Ausfertigung dieses Planes übermittelt. Er stellt für sie einen maximalen Rahmen dar, welcher bei der Erstellung ihrer Flächenwidmungs- und Bebauungspläne, insbesondere bei der Festlegung der künftigen Baugebiete innerhalb der 500 m Seeuferschutzzone, maßgebend ist.

Betonen möchte ich, daß dieser Planung in Berücksichtigung der Schwierigkeiten und Härten des Naturschutzgesetzes und der Entscheidungspraxis der Naturschutzbehörde in den letzten Jahren ein äußerst toleranter Maßstab zugrunde gelegt werden mußte. Unter Ausnützung der Erfahrungen, die damit gemacht wurden, sollen im gleichen Sinne der Reihe nach auch für die übrigen Salzkammergutseen solche Planungen durchgeführt werden, zunächst für den stark bedrohten Zeller- oder Irrsee.

Abschließend möchte ich noch sagen, daß Sie die vorgeführte Planung als einen aktiven Schritt des Amtes bewerten mögen, mit welchem versucht wird, in der Regelung einer sehr schwierigen Materie, die in der Kreuzung vielseitiger Interessen liegt, einen Schritt vorwärts zu kommen.

Die Pläne sind nur für den Amtsgebrauch bestimmt, es kann aber in sie beim Amt der o.-ö. Landesregierung und bei den jeweiligen Gemeindeämtern Einsicht genommen werden.


Prof. Dr. Lothar M a c h u r a (Wien):

Ich spreche weniger in der Funktion als Sachbearbeiter für Naturschutz in Niederösterreich als vielmehr als jahrzehntelang Tätiger im praktischen Naturschutz. In den letzten Tagen ist mir ein Brief zugegangen, nach dem der Europarat beschlossen hat, die Pflege der Landschaft Europas in sein Aufgabenbereich einzuschließen. Es war dies ein Antrag des englischen Vertreters Eden und wurde angenommen. Dies bedeutet, daß die österreichische Landschaft mehr als bisher in den Blickpunkt Europas gerückt wird, da unser Land besonders reich an landschaftlichen Schönheiten ist.

Demgemäß ernst müßte daher in Österreich die Obsorge um die Erhaltung der landschaftlichen Schönheit aufgefaßt werden. In diesem Sinne ist ein gemeinsames Vorgehen des Österreichischen Wasserwirtschaftsverbandes mit dem Österreichischen Naturschutz außerordentlich begrüßenswert. Unsere heutige Tagung soll diesbezüglich als Dokumentation gewertet werden und sollte nicht die letzte sein. Wir müssen jedoch weiter kommen und dürfen nicht nur bei bloßen Tagungen bleiben. So sollten wir beispielsweise

— ähnlich wie der Pressedient des Österreichischen Waldschutzverbandes
„Schutz dem Walde" — die Öffentlichkeit über den Notstand am und im
Wasser informieren. Ich beantrage also die Schaffung eines solchen P r e s s e -
d i e n s t e s   z u m   S c h u t z e   d e s   W a s s e r s.

Wir sollten aber noch weitergehen. Nicht nur Wasserwirtschaft und
Naturschutz, sondern Technik, Naturwissenschaft und Naturschutz sollten
in Zukunft inniger als bisher zusammenarbeiten. Ich habe erst in den letzten
Tagen aus dem Problem des Kraftwerkbaues an der Enns, aus dem Projekt
Kastenreith gesehen, wie wichtig es wäre, wenn Techniker und naturwissenschaftlich gebildete Naturschützer schon ab dem Stadium der Vorplanung
zusammenarbeiten würden. Techniker und Naturwissenschaftler tragen heut-
zutage eine hohe und eine gemeinsame Verantwortung.

Doch liegt ein Mißverhältnis vor. Während nämlich die Aufgaben der
Technik auch in der Wasserwirtschaft immer wieder von zahlreichen hauptberuflich tätigen Technikern vertreten und vorangetragen werden, ist dies
auf dem Sachgebiet des Naturschutzes ganz anders, nämlich viel ungünstiger.
Im Naturschutz gibt es meines Wissens in Österreich nur zwei hauptberuflich
tätige Männer; alles andere geschieht mehr oder weniger nebenberuflich oder
gar ehrenamtlich. Solange diese Ungunst besteht, wird es in Österreich
schwer sein, zu einer großzügigen und grundsätzlichen Zusammenarbeit
zwischen Technik und Naturschutz zu kommen. Wie wäre es also, wenn
wir auch in Österreich einem Vorschlag nachgehen wollten, der in der
Schweiz gemacht wurde? Nach diesem Vorschlag sollten aus Mitteln jedes
technischen Projektes, das irgendwie die Natur oder Landschaft nützt oder
beeinträchtigt, ein N a t u r s c h u t z f o n d s geschaffen werden. Aus diesem Fonds könnten dann jene finanziellen Mittel aufgebracht werden, die
zum Ankauf oder zur Unterhaltung von Naturschutzgebieten dienen. So
müßte unser Streben einer ehrlichen, tätigen Partnerschaft zwischen Naturschutz und Technik gelten.


Prof. Dr. Walter S t r z y g o w s k i (Wien):

Wir haben an der Hochschule für Welthandel in Wien ein Institut für
Raumordnung, das sich mit der langfristig-weiträumigen Planung in Österreich
und in Europa beschäftigt. An diesem Institut werden von einzelnen Dissertan-
ten und von Studenten Arbeiten gemacht. Eine dieser Arbeiten beschäftigt sich
mit dem T r a u n s e e. Der Bearbeiter ist ein Kind der hiesigen Gegend, Herr
Weilharter aus Ebensee. Er macht seine Diplomarbeit über den Traunsee und
dessen Bedürfnisse in der Beziehung, von der hier gesprochen wird. Er will
diese Arbeit zu einer Dissertation ausbauen, und ich möchte für ihn um die
Mithilfe derjenigen Herren bitten, die von Amts wegen mit den Belangen des
Traunsees beschäftigt sind, ihm mit Rat und Tat zur Seite zu stehen.

Die andere Arbeit, mit der wir uns befassen, ist die Frage: Können wir in Österreich n e u e  S e e n schaffen, die nicht mit Stauwerken verbunden sind, sondern die ausschließlich der Erholung und dem Fremdenverkehr dienen? Solche Möglichkeiten bestehen zweifellos, denn es hat ja vor ein paar tausend Jahren, geologisch eine kurze Zeit, viel mehr Seen gegeben, die seither verlandet sind. Wir wollen nicht etwa alle Moore trocken legen, keine Angst, Naturschutz, sondern einzelne verlandete Seebecken lassen sich sicher wieder in Seen zurückverwandeln, und dort kann man alle die Fehler vermeiden, die bei den anderen Seen leider schon passiert sind.

Eine dritte kurze Bemerkung: Ich war das letzte Jahr in Amerika und habe dort das miterlebt, was uns blüht, wenn wir nicht rechtzeitig auf der Hut sind. Da muß ich Ihnen zwei Gefahren nennen, die wir vielleicht jetzt noch nicht erkannt haben, aber wir könnten einen Riegel vorschieben, bevor sie da sind. Sie bereiten heute in Amerika den Leuten, die mit ähnlichen Sachen wie wir hier befaßt sind, die größten Kopfschmerzen. Die eine Gefahr heißt „trailer", das heißt der Anhänge-Wohnwagen hinter dem Auto. Die amerikanischen Straßen in den schönen Landschaften sind heute verstopft mit riesigen Wagen, 10 m lang, 2,5 m breit, worin man Zimmer, Küche, Schlafzimmer hinter seinem Stadtwagen herschleppt. Den stellt man im Gelände irgendwo auf, und solche Trailer gibt es zu Tausenden und sie verrammeln die ganze Landschaft und sie verstopfen die Straßen, man kann nicht mehr fahren. Wir haben einen ganz kleinen Anfang mit diesen Wohnwagen bei uns, aber ich sehe voraus, daß es in kürzester Zeit notwendig sein wird, eine B e s c h r ä n k u n g  d e r  G r ö ß e  d e r  W o h n w a g e n durchzuführen, bevor noch diese Riesenwagen zu uns hereinkommen.

Die zweite Gefahr: Genau so wie der Wohnwagen wird h i n t e r  d e m  A u t o  e i n  B o o t hergezogen, auf einem kleinen Anhänger mit zwei Rädern. Wenn das sich bei uns auch ausbreitet — und es ist ja wahrscheinlich mit dem Fortschreiten der Wohlhabenheit —, dann sieht das so aus: Es werden von Wien oder Linz, Salzburg, München am Freitag oder Samstag tausende von Booten aus irgendwelchen Höfen oder Abstellplätzen herausgezogen werden und zum nächsten See oder auf der Autobahn zu einem Salzkammergut-See gezogen werden. Es wird sich bestimmt jemand finden, der eine schräge Rampe in den See hineinbaut, dort reversiert man das Boot in den See hinein, dann ist der See voll von Booten, die ganz wo anders zu Hause sind, nicht hier ihre Bootshütten haben, sondern nur über das Wochenende oder über die Ferien diesen See besetzen. In Amerika sind manche Wasserflächen so bummvoll mit Booten, daß man heute Verkehrsregelung auf den Seen einführen muß, also etwa Einbahnverkehr im Sinne des Uhrzeigers für Boote und Wasserschifahren, und daß man an Verbote denkt, obwohl man in Amerika aus Gründen übertriebener „Demokratie" keine Verbote durchführen will. Diese zwei Gefahren bestehen bei uns auch, und es wäre vielleicht gut, wenn sich die zuständigen Stellen damit befassen würden, bevor sie noch ganz akut werden.

W. Hofrat Dipl.-Ing. Otto J i l g (Klagenfurt):

Es ist dem Grunde nach nicht verwunderlich, wenn drei Vortragende des Vormittags K ä r n t n e r  S e e n s c h u t z p r o b l e m e angeschnitten haben; bezeichnet man doch unser südlichstes Bundesland als das der „Seen und Berge"! Kärnten verfügt über etwa 200 natürliche Hochgebirgs- und Talseen. Es sei mir gestattet, zunächst kurz zu begründen, weshalb wir in Kärnten der schadlosen Abwasserbeseitigung an unseren Seen ganz besonderes Gewicht beilegen müssen:

1. In den Rahmen der Betrachtung sollen naturgemäß nur die 10 größten Badeseen, d. s. der Wörther-, der Millstätter-, Ossiacher- und der Weißensee, der Faaker-, Keutschacher- und Klopeinersee sowie der Längs-, Feld- und Presseggersee, fallen. Die Seehöhen liegen zwischen 439 und 930 m; das Ausmaß aller dieser Seen zusammen beträgt etwas über 76 km². Zum Unterschied von den Seen des Alpenvorlandes handelt es sich überwiegend um „Quellseen". Die Einzugsgebiete sind verhältnismäßig klein und daher die Spiegelschwankungen — wie dies Herr Präsident Beurle bereits vom Wörthersee erwähnte — gering. Diese Seen, abgedämmt durch eiszeitliche Ablagerungen, liegen meistenteils nur an Bächen, deren Wasserführung in keinem Verhältnis zur Größe der Seenflächen steht. Selbst beim Millstätter- und Ossiachersee fallen die Zuflüsse nicht ins Gewicht. Es handelt sich demnach um s c h w a c h  d u r c h f l o s s e n e  S e e n. Diesem Umstande verdanken sie allerdings die Erhaltung ihrer großen Tiefe — sie beträgt z. B. beim Wörthersee i. M. 43 m und beim Millstättersee i. M. 86 m —, ihre Klarheit, die rasche und hohe Erwärmung und ihren Fischreichtum. (Während der Traunsee nur 18,1⁰ C erreicht, kommen Oberflächentemperaturen von 20,7 bis 24,3⁰ C oft und langanhaltend vor.) Verlandungserscheinungen zeigen sich vor allem bei den ältesten Seen im Kärntner Unterlande (Sablatnigwiese, Gösselsdorfersee); auch sind rund 200 kleinere Hochgebirgs- und Moorseen schon fast zur Gänze verlandet.

2. Nach dem Jahresbericht des Landesfremdenverkehrsamtes für Kärnten nächtigten in Kärnten im Jahre 1960 fast 5,821.000 Gäste. Hievon wurden in den Gebieten an und in nächster Umgebung dieser Badeseen rund 4,080.000 Nächtigungen, d. s. rund 7 0 % gezählt! Die Saison 1961 hat diese Zahlen allerdings längst überholt! Herr Min.-Rat Dr. Langer-Hansel hat den österreichischen Durchschnitt mit 22% angegeben!

Seencharakter und Fremdenverkehr verpflichten uns somit, der dauernd zunehmenden Verschmutzung unserer öffentlichen und privaten Badeseen ganz energisch Einhalt zu bieten.

E i n  B e i s p i e l : Den durch die Trockenheit der letzten Wochen hervorgerufenen einmalig vorgekommenen Tiefstand des Wörthersees hat die Wasserrechtsbehörde dazu ausgenützt, mit einem Gendarmerieboot eine Befahrung der Ufer vorzunehmen in der Erwartung, unbefugte, ansonsten unter der Seeoberfläche befindliche Abwassereinleitungen feststellen zu können. In dieser Erwartung wurde sie nicht enttäuscht!

Man muß sich tatsächlich fragen, ob es Unverstand oder Unkenntnis der Tatsachen ist, wenn hiebei ermittelt wurde, daß die Verwaltung eines Kinderheimes, das mit 300 Kindern turnusmäßig besetzt ist, wegen der Nichtfunktion der Versickerungsanlage kurzerhand die Fäkalwässer ausgerechnet unmittelbar neben dem Kinderstrandbad einleitet und groteskerweise daneben überdies Nutzwasser aus dem See zum Geschirrspülen und dergl. entnimmt!

Wir mußten daher dazu übergehen, überhaupt keine Abwässer in unsere Badeseen mit ihren Zubringern einleiten zu lassen und selbst die Versickerung entlang der Seeufer in 40 m oder mehr Abstand nur als Notbehelf bei Einzelobjekten zuzulassen. Bei Hotel-Neubauten u. dgl. wird zunächst erwogen, die Fäkal- und Küchenabwässer über Kläranlagen zu versickern und nur die Einleitung der Niederschlags- und Waschwässer, letztere über Seifenabscheider, unmittelbar in die Gewässer zu erlauben.

Ich schließe mich den Ausführungen des Herrn Landesrates Dr. E. Wenzl der oberösterreichischen Landesregierung ohne weiters an, daß K a n a l i s a t i o n s r i n g l e i t u n g e n entlang der Seeufer eine Ideallösung wären. Diese Frage ist auch für den Wörthersee angeschnitten worden: Bei den derzeitigen bescheidenen Mitteln des Wasserwirtschaftsfonds ist aber eine solche überaus kostspielige, rund 40 km lange Ringkanalisation mit zahlreichen Zwischenpumpwerken eine Utopie, zumal eine Einleitung von mechanisch und biologisch geklärten Abwässern in den Seeabfluß, d. i. die Glanfurt, nicht in Betracht zu ziehen ist; denn durch die Nähe der Landeshauptstadt stellt diese ein ideales Volksbadegelände dar. Man müßte daher einen mehr als 8 km langen Rohrkanal bis zur Glan verlegen!

Daraus entsprang mein Gedanke, zumindest für die Ballungszentren am Wörthersee nach Zwischenlösungen zu greifen und die Abwässer vom Wörthersee einem anderen, fernab gelegenen Tal zuzuleiten. Am Rande sei bemerkt, daß z. B. die Stadt Zürich einen Teil ihrer Abwässer einem Paralleltal, der Glatt, zubringt.

Beim K u r o r t V e l d e n handelt es sich um die schadlose Ableitung der Abwässer von 2300 ständigen Bewohnern und bis zu 5700 Sommergästen. Sie werden nach dem bereits wasserrechtlich verhandelten Bauentwurf der Herren Obersenatsrat Dr. Stadler und Ziv.-Ing. Dirnböck durch eine Trennkanalisation einem Pumpwerk in Velden zugeführt, 60 m bis zum Selpritscher-Sattel hochgepumpt und dann im freien Gefälle in die 30 m tiefer liegende Drau eingeleitet werden. Wir hoffen, im kommenden Jahr dieses Bauvorhaben beginnen und bis dahin auch die Bedenken des zuständigen Fischereirevierausschusses zerstreuen zu können, der trotz des günstigen Verdünnungsverhältnisses von 1 : 9000 eine vorherige „totale" Abwasserklärung verlangt. Ausdrücklich sei darauf hingewiesen, daß es sich nur um häusliche Abwässer handelt und durch diese Maßnahme die Veldnerbucht künftig vor jeder Abwassergefährdung verschont bleibt, zumal im wasserrechtlichen Verfahren

nicht einmal ein Notauslaß beim Pumpwerk in den Wörthersee zugelassen
wurde.

Eine ähnliche Idee, die von mir mit Professor Dr. Pönninger in Wien
abgesprochen wurde, die Beseitigung der Abwässer von 6600 Einwohner-
gleichwerten aus den beiden vielbesuchten Fremdenverkehrsorten P ö r t -
s c h a c h und K r u m p e n d o r f am Wörthersee in das Wölfnitztal vorzunehmen, reift bereits heran. Diese sollen über den Höhenrücken bei Vögelitz
hochgepumpt und in einer gemeinsamen Gefällsleitung nach Moosburg,
welcher Ort rund 40 m höher als der Wörthersee liegt, gebracht werden.
Vereinigt mit den Abwässern aus der Ortschaft Moosburg, die soeben eine
zentrale Ortswasserversorgung baut und einer Kanalisation bedarf, werden
dann die Abwässer nach mechanischer und biologischer Klärung dem Wölfnitz-
bach zugeleitet werden, von wo sie der Glan zufließen. Die lange Fließstrecke
von fast 12 km verbürgt einen zuverläßlichen und vollständigen Abbau etwa
noch vorhandener Schmutzstoffe durch Selbstreinigung. Die Mittel für eine
technische Vorstudie und für eine Wirtschaftlichkeitsberechnung stehen schon
zur Verfügung. Schließlich sei bemerkt, daß weder in Pörtschach noch in
Krumpendorf ein geeigneter Platz zum Bau einer Kläranlage vorhanden wäre.
Auch ließe sich der Klärschlamm im Wölfnitztal bei den dortigen landwirtschaftlichen Betrieben ohne weiteres absetzen.


Dipl.-Ing. Dr. Helmut F l ö g l (Linz):

Über die Notwendigkeit der Reinhaltung der Seen besteht nach den
heutigen Ausführungen wohl kein Zweifel. Ich möchte aber doch noch darauf
hinweisen, daß der Unterschied zum Verschmutzungsproblem unserer Flüsse
darin besteht, daß Schäden an den Seen nicht oder nur unter sehr großen
Opfern wieder ausgeglichen werden können. Mit verschmutzten Seen hinterlassen wir auch den kommenden Generationen ein schwieriges Problem,
ähnlich den Karstgebieten, die wir Heutigen von früheren Generationen über-
nehmen mußten.

Kein Zweifel besteht darüber, daß es wohl am günstigsten ist, die Abwässer der Seeufergemeinden in den S e e a b f l u ß oder in ein sonstiges
fließendes Gewässer zu leiten. Dieser technisch letzten Endes einzig richtigen
Lösung stehen aber vorerst meist sehr gebieterisch die übermächtig erscheinen-
den Baukosten dieser Ableitung und geländebedingte Schwierigkeiten gegenüber. Trotzdem sind schon an mehreren Seen Ringkanalisationen zur Ableitung
der Abwässer errichtet worden. Ich hatte Gelegenheit, im vergangenen Jahr
solche Anlagen in Deutschland am Tegernsee zu sehen, und konnte mich auch
am Luganer-See in der Schweiz über die geplanten Maßnahmen unterrichten.
Im Prinzip besteht die Anlage am Tegernsee darin, daß das erforderliche

Fließgefälle durch mehrere im Ringkanal eingebaute Pumpwerke erreicht wird und am unteren Ende der Kanalisation die Klärung erfolgt.

Wenn ich Ihnen jetzt über eigene Überlegungen, die ich im Verlauf von generellen Planungen und Studien anstellte, berichte, so möchte ich von vornherein feststellen, daß es meiner Ansicht nach — wie allgemein im Wasserbau — kein gebrauchsfertiges Rezept für die zweckmäßigste Abwasserableitung eines Seegebietes gibt, sondern solche Planungen von den örtlichen Gegebenheiten in großem Maße abhängen.

Es erscheint mir prinzipiell günstiger, bei der Ableitung der Abwässer im Seenbereich nicht die übliche klassische Methode der Kanalisation, also Freispiegelkanal mit Kläranlage am Kanalende, anzuwenden, sondern die Abwässer nach ihrer Zusammenleitung in Ortschaftsbereichen schon mechanisch zu reinigen und die Ableitung zum Seeausfluß usw. dann nach den Prinzipien der Wasserleitung, also mit Druckrohr vorzunehmen. Es ist durchaus möglich, in dieses Druckrohr über weitere Pumpwerke auch die Abwässer anderer Orte, aber auch einzelner Objekte einzuspeisen. Ähnlich wie im umgekehrten Sinn von einem Wasserhauptrohr verschiedene Ortsnetze versorgt werden können. Besonders vorteilhaft ist diese Lösung dort, wo geländemäßige Schwierigkeiten eine Künettenleitung überhaupt unmöglich oder sehr teuer machen, während andererseits für die Überwindung kurzer Strecken im ebenen Gelände kein besonderer Vorteil gegeben sein muß. Auch die Einwohnerzahl, also ob z. B. an einem See eine größere Stadt liegt, die entwässert werden muß, spielt natürlich eine Rolle. Man kann auch solche Abwasserdruckleitungen in den See verlegen, einmal um besonders schwierigen Uferstrecken auszuweichen, zum anderen aus der Überlegung einer größeren Wirtschaftlichkeit durch Einsparung der Künette bzw. Abkürzung der Trasse. Für diesen Zweck bieten sich die in den letzten Jahren entwickelten flexiblen Kunststoffrohre bei kleinerem Durchmesser besonders an. Es gibt natürlich eine ganze Reihe von Überlegungen, die bei der Planung solcher Leitungen getroffen werden müssen, deren Erörterung aber zu weit führen würde. Erwähnt sei noch, daß ich die Kosten eines seeverlegten Rohres bei Trennkanalisation auf S 50,— bis 60,— pro Einwohner und Ableitungskilometer schätze. Es kostet also eine 10 km lange Strecke zirka S 500,— bis 600,—. Dem gegenüberzustellen ist, daß eine Ortskanalisation für kleinere und mittlere Ortschaften heute zwischen S 3000,— bis 4000,—, bei schwierigen Verhältnissen noch mehr kostet.

Die Pumpkosten werden meist überschätzt. Sie sind auch bei einer z. B. 10 bis 20 km langen Leitung pro m³ Wasser bei weitem nicht so hoch wie etwa für eine Trinkwasserversorgung, wo ja meist 50 bis 100 m überwunden werden müssen, während bei den Ableitungen in der Regel nur das Reibungsgefälle im Rohr zu überwinden ist. Ich glaube, daß mit diesen Überlegungen die Möglichkeit gegeben ist, auch mit verhältnismäßig beschränkten Mitteln Abwasserableitungen in Seen von 10 bis 20 und noch mehr Kilometern durchzuführen. Andererseits bleiben natürlich für die Reinhaltung der Seen von Abwässern noch genug schwierige Probleme. Ich weise darauf hin, daß die Zusammenfassung der Abwässer in Ortsbereichen bautechnisch sehr oft wesentlich schwieriger als eine Ableitung ist. Man wird, wenn nicht zu große Kosten verursacht werden, eine Trennkanalisation bevorzugen, doch kann auch bei einer Ableitung von Regen- und Schmutzwasser im gemeinsamen Strang die Abpumpung der Abwässer durch eine Druckrohrleitung erfolgen, ohne daß der Rohrquerschnitt übermäßig groß wird. Alle diese Fragen sind natürlich für jeden Fall genau abzuwägen, um die wirtschaftlichste Lösung zu finden.

Dies bedingt aber auch schon, daß v o n   B e g i n n   a n   d e r   p l a n e n d e I n g e n i e u r für generelle Überlegungen h e r a n g e z o g e n wird, da die Entscheidung, welche Maßnahmen zur Beseitigung der Abwässer getroffen werden, nicht nur vom hygienischen, biologischen und limnologischen Standpunkt, sondern auch von den bautechnischen Geländebedingungen bestimmt wird. Die vollständige Fernhaltung der Abwässer aus den Seen muß hiebei das Ziel sein, das bei größeren Schwierigkeiten manchmal nicht erreichbar ist.

Wollen wir doch überlegen, daß es nicht allein darum geht, daß für uns ein reiner See erhalten wird, sondern daß die kommende Generation in 50 oder 100 Jahren wesentlich schwierigeren Wasserversorgungsproblemen gegenüberstehen wird als wir jetzt und wir daher eine in der heutigen Zeit sicherlich schwer durchzusetzende Verpflichtung haben, die außerordentlichen R e i n - w a s s e r r e s e r v e n der Seen so, wie wir sie von den früheren Generationen übernommen haben, unseren Kindern zu übergeben.


Obersenatsrat Dr. Karl H a n i s c h (Wien):


Ich habe die Ehre, namens des Österreichischen Städtebundes zu Ihnen zu sprechen. Der Österreichische Städtebund ist am Seenschutz außerordentlich interessiert. Drei Momente sind es im wesentlichen, die ihn mit Sorge erfüllen. Es ist die V e r u n r e i n i g u n g der Gewässer, insbesondere der Seen, dann die V e r u n s t a l t u n g des Landschaftsbildes, vornehmlich durch Uferverbauungen, und drittens die B o d e n s p e k u l a t i o n, der schon zahllose Ufergrundstücke zum Opfer gefallen sind.

Zu den beiden ersten Punkten: Bezüglich Gewässerverunreinigung ist der Städtebund der Meinung, daß die gesetzlichen Grundlagen ausreichend sind, um das Notwendige zu erreichen. Es wird Sache der Praxis sein, sich durchzusetzen. Anders ist es mit der Verunstaltung des Landschaftsbildes, insbesonders durch Uferverbauung. Hier ist der Städtebund der Meinung, daß die bestehenden gesetzlichen Unterlagen nicht ausreichen. Ich darf dabei auf einen Beschluß des 16. Österreichischen Städtetages vom Mai 1961 verweisen, den ich verlesen möchte. Da heißt es: „Der 16. Österreichische Städtetag richtet an die Landesregierungen und an die Landesgesetzgebung der österreichischen Bundesländer das dringende Ersuchen, möglichst bald den modernen Erfordernissen entsprechende Landesplanungsgesetze zu erlassen, und damit die Voraussetzungen für die dringend notwendige Erstellung von gemeindlichen Flächenwidmungsplänen und von Regionalplanungen zu schaffen. Das Fehlen derartiger gesetzlicher Bestimmungen ist ein schweres Hemmnis bei den Bemühungen zur Gestaltung unseres gemeinsamen Lebensraumes; ihre Verabschiedung ist daher ein echtes und dringendes Bedürfnis." In diesem Zusammenhang möchte ich auch noch erwähnen, daß zur Planung befugt sind: der Bund, die Länder und die Gemeinden. Hier mangelt es vielfach an der Koordinierung und entsprechenden Zusammenarbeit.

Zur Bodenspekulation: Sie hat ein Ausmaß erreicht, wie ich eben schon erwähnte, das zu besonderer Besorgnis Anlaß gibt. Es ist unbedingt notwendig, daß gesetzliche Maßnahmen dagegen getroffen werden. Es zeigen sich bereits Ansätze hiezu. In anderen Ländern, ich verweise auf die Schweiz, ist man schon wesentlich weiter. Ich möchte mich hier auf eine Entschließung beziehen — sie ist heute schon erwähnt worden —, die bei der vorjährigen Generalversammlung im September von der Österreichischen Gesellschaft zur Förderung von Landesforschung und Landesplanung gefaßt wurde. Sie liegt ganz in den Intentionen des Österreichischen Städtebundes. Wenn dieser Bodenspekulation nicht entgegengetreten wird, wird es nicht allzu lange dauern, daß der Allgemeinheit der Zutritt zu den Seen fast nicht mehr möglich sein wird, ja daß man diese nicht einmal mehr von der Nähe aus sehen wird. Es darf auch noch erwähnt werden —heute ist das auch schon geschehen —, daß Städte und Gemeinden bestrebt sind, Ufergrundstücke in ihre Hand zu bekommen, nicht etwa um sie wirtschaftlich zu nutzen, sondern nur im Interesse der Allgemeinheit und der Volksgesundheit, um unseren Mitbürgern die Möglichkeit zu geben, an den Seen Erholung zu finden, und nicht zuletzt auch im Interesse des Fremdenverkehrs. Leider fehlt es vielfach an den erforderlichen Mitteln, um zu diesen Grundstücken zu kommen. Es ist daher auch ein echtes und dringendes Bedürfnis, daß durch geeignete finanzielle Maßnahmen, allenfalls durch zweckgebundene Kredite, den Gemeinden und Städten in dieser Hinsicht zu Hilfe gekommen wird.


Oberbaurat Dipl.-Ing. Karl P a y r (Innsbruck):

Als Praktiker des Siedlungswasserbaues möchte ich ganz konkrete Erfahrungen zu bedenken geben:

Wenn jemand in dem Bereiche bauen will, in welchem die Seenschutzverordnung gilt, dann braucht er eine Ausnahmegenehmigung. Diese Ausnahmegenehmigung versucht er sich gerne so zu verschaffen, daß er verspricht, die Abwässer nicht in das Gewässer, nicht in den See zu leiten, weder geklärt

noch ungeklärt. Diese Lösung wurde heute in einem Hauptreferat schon
einmal angeregt. Und es ist tatsächlich für die Gewässergütewirtschaft wünschenswert, wenn die Abwässer von den Gewässern überhaupt und gänzlich
ferngehalten werden. Die Gewässergütewirtschaft ist nicht dazu da, um Abwässer und Abfallstoffe zur Reinigung und Einleitung in die Gewässer zu
bitten. Der Gewässergütewirtschaft wäre es willkommen, wenn die Abwässer
nirgends mehr zum Vorschein kämen. Aber dem ist bei der S e n k g r u b e n-
Lösung leider nicht so.

Wer will heute noch auf die Wasserspülung, auf Fließwasser in Zimmern, Küche, Bad und Betrieb verzichten? Hat sich der Betreffende schon
einmal ausgerechnet, wie groß eine solche Senkgrube sein müßte, um die
Abwässer auch nur zu speichern? Das Wichtigste: Die Senkgrube, scheinbar
ein Allheilmittel gegen jede Gewässerverschmutzung und Naturverschandelung, ist ja nur ein Abwasser s p e i c h e r, aber keine Abwasser b e s e i t i-
g u n g. Der Inhalt der Senkgrube muß doch einmal weggeschafft werden.
Und dabei sind die Eigenheiten des Abwassers aus Siedlungen, Gast- und
Beherbergungs- und anderen Betrieben von einer Beschaffenheit, welche für
die Landwirtschaft absolut uninteressant ist, obwohl die Bauwerber immer
wieder versprechen, daß sie sich den Senkgrubeninhalt von der Landwirtschaft
abnehmen lassen wollen. Wenn die Senkgrube dann voll ist und überläuft,
werden sie sehen, daß sich kein einziger Landwirt um die Räumung des
Inhaltes bewirbt.

Hier tritt dann das Problem an die Gemeinden heran, welche sich bei
der Bauverhandlung durch das Angebot und die Annahme der Senkgrubenlösung hatten betäuben lassen. Existiert ein Jaucheabfuhrunternehmen? Steht
es unter öffentlicher Kontrolle? Ist dem Unternehmen ein unbedenklicher
Ablagerungsplatz für das Ausleeren der Jauchekesselwagen zugewiesen? Wird
die Jauche gewiß nicht nächtlicherweise und faßweise in den See, in den Bach
geschüttet?

Die Senkgrube — so sehr eine solche Lösung, oberflächlich besehen,
besticht, so gut sie im Augenblick alle Abwasserbedenken zu beseitigen scheint
— ist in der Praxis ungemein gefährlich. Das wollte ich zu bedenken geben.


Berufsfischer Johann C e c h (See am Mondsee):


Ich bin seit 12 Jahren als Berufsfischer am Mondsee tätig und darüber
hinaus ist meine Passion das Preßlufttauchen im See. Als einer der wenigen
von den hier Anwesenden habe ich Gelegenheit, tagtäglich den See von oben
zu betrachten und auch mitunter aus der Tiefe. Zuerst möchte ich hier zum
Thema V e r u n r e i n i g u n g etwas sagen. Man hat im vergangenen Som-

mer in verschiedenen oberösterreichischen Zeitungen und auch in der Wiener Presse Artikel und Abhandlungen über die Verunreinigungen des Attersees lesen können. Nun, wir Uferanrainer des Attersee protestieren gegen solche Mitteilungen, weil sie gerade im Sommer den Fremdenverkehr schädigen. Mit den Augen des Gastes, also des Nichtbiologen gesehen, sind, wie ich Ihnen sagen kann, die Zustände der Verunreinigung bestimmt nicht so erschreckend. Mag für den Biologen und für den Chemiker auch irgend etwas nicht stimmen, der Gast, der hierherkommt, empfindet das bestimmt nicht als Verunreinigung. Es ist ganz klar, wenn wo eine Jauchengrube in den See mündet, ist das gewiß mit der Ästhetik nicht zu vereinbaren, aber der See an und für sich hat eine gute Zirkulation, sowohl der Mondsee wie auch der Attersee. Wir müssen schon etwas unternehmen, um die Abwässer zu beseitigen, aber Ringleitungen und ähnliches sind jetzt bestimmt nicht durchführbar, weil sie an den finanziellen Möglichkeiten scheitern.

Es wäre schon ein schöner Gewinn, wenn man das Seeufer nicht durch Abfälle verunreinigte. Viele Leute glauben, gerade das Seeufer sei eine Abfallgrube, man könne dort, nachdem man die Zitrone ausgepreßt und die Konservenbüchse geleert hat, die Reste ungeniert dem See übergeben. Das ist es, was den Gast in erster Linie abschreckt. Schrecken tut ihn allerdings auch, wie ich in letzter Zeit Gelegenheit hatte zu erfahren, wenn am Ufer das abgestorbene Plankton angeflutet wird. Es schwimmt da eine ganz schöne schwarze Schichte an der Oberfläche, die sich je nach dem Wind ansammelt. Gerade die überaus schöne Witterung begünstigt die Bildung von Plankton, das natürlich sehr bald wieder abstirbt, es ist ja kurzlebig. Das vollzieht sich stärker oder schwächer jahraus, jahrein, nur schenkt man dem jetzt mehr Aufmerksamkeit, weil in den Zeitungen von der Verunreinigung der Seen zu lesen ist und von Mißständen, wie sie an Seeufern leider Gottes schon manchmal vorkommen. Ich hatte auch Gelegenheit als Preßlufttaucher in die Nähe von Kanälen hinunterzutauchen, doch habe ich neben Kanälen in einer Tiefe von 12 m ganz klares Wasser gefunden. Die Einleitung der Kanäle macht sich für das Auge nur bis zu einer Tiefe von 10 m bemerkbar.

Ich möchte auch zur S p e k u l a t i o n mit den S e e u f e r n Stellung nehmen. Wenn irgend jemand ein Grundstück an einem Seeufer besitzt, so soll dieses auch für die Allgemeinheit erhalten bleiben. Man soll dem Besitzer Gelegenheit geben, wenn die Allgemeinheit sein Grundstück benützt, dafür etwas einzuheben und als Gegenleistung den Platz in Ordnung zu halten. 3 bis 4 Schilling zahlt man ja auch für einen Wagen Parkgebühr und man kann dafür dort baden gehen. Der Grundstückbesitzer hat so die Möglichkeit, für sein Grundstück etwas einzunehmen, und er muß nicht aus Geldmangel seinen Boden an Spekulanten abgeben. Damit blieben uns wertvolle Teile der Seeufer erhalten.

Ing. Karl Paul F i l i p s k y (Wien):

An das in den Vorreden bereits erschöpfend Gesagte mag kurzgefaßt
noch Folgendes angeschlossen sein:
Für kleine Seeparzellen werden ohne weiteres pro Quadratmeter Hun-
derte von Schillingen bezahlt, gleichwie ohne Feilschen pro Jahr für Kleinst-
parzellen enorme Pachtbeträge erlegt. Es wäre an die durch Uferbesitz oder
-pacht bevorzugten Personen oder Gruppen die durchaus zumutbare Forderung zu stellen, r e c h t z e i t i g einen entsprechenden Kostenanteil an allen
erforderlichen Schutzmaßnahmen zu leisten.
Eine Reihung der Fakten, welche eine Gefährdung des Wassers ganz
allgemein verursachen, würde etwa wie folgt aussehen:

Verschmutzung durch Industrie und Gewerbe, durch mangelhaft eingerichtete
und kontrollierte Fremdenverkehrsbetriebe;
Mangelhafte Abwässer-Installationen bzw. deren Unwirksamwerden durch
gesteigerte Verwendung von Detergenzien;
Verschmutzung durch Wildbadestellen und Campingplätze, das Fehlen entsprechender sanitärer Einrichtungen wie einer Regelung der Fahrzeugab-
stellung (Verölung von Wasserflächen durch Autowäscher);
Indirekte Entwertung von Uferflächen durch Parzellierungen, schlechte
Straßenführung, naturwidrige Regulierung von Zuläufen, durch Ab-
holzungen usw.

Es wird unbedingt notwendig, Gewässer als G a n z e s sehen zu lernen,
wobei auch dieses Ganze nur wieder einen Teil einer übergeordneten Landschaft darstellt. In den meisten Fällen ist heute der momentane Gewinn für
Maßnahmen ausschlaggebend, deren unbedachte weitere Folgen nicht nur ein
Vielfaches des angeblichen Gewinnes an Kosten auflaufen lassen, sondern auch
eine nie wieder gutzumachende Entwertung ganzer Landschaften mit sich
bringen. Ich verweise nur auf die Parzellenflächen an der Alten Donau, am
Neusiedlersee usw., wo gegen ein besseres Wissen und Gewissen, auch nach
massiven Interventionen bei Parteistellen ohne Unterschied der Farbe, wertvolle Flächen fast unwiederbringlich verlorengingen.
Es wäre vielleicht von diesem Forum aus folgendes zu unternehmen:

Feststellung und Reihung der im Augenblick am meisten gefährdeten
Wasserflächen;
Beauftragung der Raumplanung zu Untersuchungen der regionalen Zusam-
menhänge, des Verkehres sowie einer tragbaren Höchstfrequenz hinsichtlich
des Fremdenverkehres;
Aufforderungen an die Politiker a l l e r Richtungen, Interventionen in See-
schutzgebieten abzulehnen.

Hinsichtlich vieler Einzelfragen wären Empfehlungen auszuarbeiten:
beim Straßenbau erhebt sich die Forderung, Verkehrsstraßen möglichst a b -
s e i t s der Seeufer zu legen. Gegen die Uferflächen ist eine Differenzierung
von Wald- und Wanderwegen weitgehend den örtlichen Verhältnissen anzu-
passen. Gleichfalls muß bei Wildbade- und Campingflächen die geordnete

Einrichtung von möglichst abgerückten Fahrzeugabstellplätzen angestrebt werden.

Eine Dauer- oder Wanderausstellung sollte — für jeden verständlich und möglichst drastisch dargestellt — die Summe aller Schädigungen und deren Folgen aufzeigen. Ähnliches könnte mit einer aufklärenden Schrift erzielt werden.


RA Dr. Hans Helmut S t o i b e r (Linz):

Als Jurist (das ist ein fast noch ärgeres Schimpfwort als das von einem Vorredner gebrauchte „Akademiker") habe ich das Bedürfnis, auf eine Bemerkung von Herrn Professor Wendelberger einzugehen, nach welcher er sich darüber wundert, daß man im Bereich des Naturschutzes von „I n t e r - e s s e n k o l l i s i o n " und „ A b w ä g u n g " sprechen könne, nachdem an der Höherwertigkeit der Naturschutzinteressen kein Zweifel bestehen könne.

Ich darf darauf verweisen, daß Naturschutz, soweit er sich im rechtlichen Bereich abspielt — und er spielt sich eigentlich wesentlich und zum größten Teil im rechtlichen Bereich ab —, eine Beschäftigung mit Interessenkollisionen darstellt. Denn wo keine Gegensätze aufeinanderprallen, braucht der Mensch nicht um der unberührten Natur willen zum Verzicht auf die Ausführung von Plänen irgendwelcher Art angehalten werden, ist also Naturschutz nicht notwendig. Zum zweiten muß auch dem Begriff der Abwägung das Wort geredet werden: Ein Eingriff in die Natur muß ernsthaft erwogen werden, wenn beispielsweise ein Hochwasserschutzdamm zur Abwendung bedeutender, vielleicht sogar lebenbedrohender Schäden gebaut, oder wenn zur Reinhaltung von Gewässern (wie wir heute mehrfach mit Vergnügen und Bewunderung gehört haben) ein Pumpwerk für eine Kanalisation errichtet, oder — vielleicht — auch, wenn eine Forststraße geplant werden soll, welche Wertverminderungen bei der Bringung von Nutzholz vermeiden könnte. Letzteres Projekt, und zwar die Straßenplanung an den Westabstürzen des Traunsteins durch die Österreichischen Bundesforste, will ich nur als naheliegendes Beispiel für die rechtlichen Fragen nennen, welche sich bei der Behandlung des Seeuferschutzes speziell in Oberösterreich stellen, zugleich aber auch als Nachweis dafür, daß gerade beim Seeuferschutz alle Fragen des Naturschutzes im allgemeinen apert werden.

Als Gäste dieses schönen Landes Oberösterreich wird es Sie interessieren, daß wir hier ein Gesetz besitzen, welches sozusagen den totalen S e e u f e r - s c h u t z garantiert, also Herrn Professor Wendelberger mit seiner Forderung nach Ablehnung jeder Interessenabwägung völlig recht gibt: Der Herr Landesplaner des Amtes der o.-ö. Landesregierung, Oberbaurat Groiß, hat den ersten Satz des Absatzes 2 in § 1 bereits zitiert, wonach jeder Eingriff in das Landschaftsbild an Seeufern auf einem Streifen von 500 m Breite landeinwärts schlechthin verboten ist. Ich möchte den zweiten Satz dieser Gesetzesstelle anfügen, wonach dieses Verbot nur gelockert werden kann, wenn mittels Bescheides ausdrücklich festgestellt wird, daß solche Interessen an der Erhaltung des Landschaftsbildes, d i e  a l l e  a n d e r e n  I n t e r - e s s e n  ü b e r w i e g e n, nicht verletzt werden, und daß somit in Oberösterreich ein Eingriff in das Landschaftsbild, dessen Erhaltung in diesem vorzüglichen Gesetz über alle anderen Interessen gestellt wird, an Seeufern von der Behörde niemals geduldet werden darf. Dieses Verbot jeder Abwägung zugunsten der Unberührtheit der Seeufer wird sogar der Planung von Hochwasserdämmen und Pumpwerken ein bedeutendes Hindernis entgegenstellen, ganz zu schweigen von dem bereits beispielsweise erwähnten Projekt, eine Straße mit meterhohem Abtrag in die Steilwände des Seeufers zu sprengen. Es ist völlig unerfindlich, wie ein bundeseigener Wirtschaftskörper jahrelang einen derartigen Eingriff planen kann; jedenfalls zeigt diese Planung von einem dem Juristen geradezu abscheulich dünkenden Zweifel an der Gesetzesanwendung.

Aufgabe der das Gesetz anwendenden Behörde wird es nun sein, etwa im Fall des genannten Forststraßenprojektes zu überprüfen, ob mit diesem Projekt oder mit einem der drei oder vier Nachfolgeprojekte, etwa mit einem Tunnelbau, wirklich k e i n Eingriff in die Uferzone erfolge; nicht nur, ob dieser Eingriff „nicht so arg" sei, daß man die Interessen der Planer bedenken könne, dürfe oder müsse. — Es erhebt sich sofort die Frage, w e r denn diese Überprüfung vornehmen solle, da die Frage des „Eingriffs" in die Natur wohl stark nach der Einstellung der Person des Beurteilenden, seiner Urteilsfreiheit, seiner Erlebnisfähigkeit zu beantworten sein wird. Ist wahrhaft der Politiker als Referent der Landesregierung dazu berufen auf Grund der Parteienkonstellation und dem subjektiven Verantwortungsbewußtsein? — oder der Naturschutzbeauftragte, der unter Umständen — etwa in einem solchen Fall — selbst Jäger, Fischer, Förster ist? — der Konzeptsbeamte des Amtes, der sich naturgemäß nur als formulierenden Juristen bezeichnen wird?

Zwei Handhaben für eine richtige Entscheidung bieten sich dem Naturschutz-Juristen an: eine, die im Gesetz bereits verankert ist, und eine, sozusagen auf höherer Stufe stehend, welche mit Nachdruck vom Gastgeber zu fordern ist. De lege lata, also nach dem vorzüglichen oberösterreichischen Naturschutzgesetz, ist dem Politiker, dem Naturschutzbeauftragten und dem Juristen des Amtes ein Beirat (§ 13 Abs. 2) zugeteilt, welcher von der Regierung direkt berufen und als Kollegialorgan gutächtlich zu hören ist. Diese Mußbestimmung, welche auch in der Frage des angezogenen Beispiels Traunstein-Forststraße noch Bedeutung erlangen wird, bürgt zumindest für eine sachliche Vorbereitung der Bescheiderteilung.

Wie aber, wenn gegen das Gutachten des Beirates entschieden würde, oder wenn überhaupt eine fehlerhafte Gesetzesanwendung erfolgt? Ich wünschte herzlich, ich könnte auch in diesem Punkte Herrn Professor Wendelberger mit Recht widersprechen, der sagte, die Natur unserer Heimat habe keinen Anwalt: Denn es ist tatsächlich so, daß ausgerechnet im Naturschutzgesetz der Rechtsstaat nicht oder nur halb existent ist, der u. a. wesentlich darin besteht, daß gegen alle Entscheidungen einer Verwaltungsbehörde letztlich ein Gericht, nämlich der Verwaltungs- oder der Verfassungsgerichtshof, angerufen werden kann. Es ergibt sich bei uns und in allen Bundesländern die groteske Situation, daß jeder Bauwerber, und wäre es wegen einer Hundehütte, sobald diese erdfest ist, einen Anrainer findet, der sich gegen eine gesetzwidrige Genehmigung bis zum Höchstgericht auflehnen und damit den Bau verhindern kann, daß aber, solang sich nicht der Bauwerber selbst aufhält, im Naturschutzbereich jeder Bescheid rechtskräftig wird, ohne die Möglichkeit einer Anfechtung, auch wenn in seiner Folge Berge weggesprengt, Seen ausgetrocknet oder sonst Lebensräume natürlicher Art vernichtet werden.

De lege ferenda, in Hinkunft also, müßte dem Umstand Rechnung getragen werden, daß unser heimatlicher Lebensraum zu schützen ist, der gewiß uns, als Gesamtheit wie jedem einzelnen, so viel wert sein muß wie unser Recht als Person auf Gut, Ehre und Leben. Der Staat stellt ja einen Anwalt bei zur Abwehr von Angriffen auf diese Güter der Person: Möge er auch einen solchen berufen gegen die Übergriffe auf die Güter der Allgemeinheit. — Der Naturschutzbund ist nicht so vermessen, für sich diese Rolle — die ihm freilich leicht zu erteilen wäre, indem man ihm im Verfahren vor den Behörden Parteistellung verschafft — als eine Art Offizialorgan in Anspruch zu nehmen; — seine Aufgabe wird es jedoch sein, das Interesse des Gesetzgebers an dieser notwendigen Gestaltung unseres Naturschutzrechtes aufrecht zu erhalten, so wie er immer wieder darauf dringen wird, daß zumindest im Rahmen der bestehenden Gesetze eine möglichst sachliche Erarbeitung der Bescheidgrundlagen — durch Anhörung der Fachleute im Naturschutzbeirat — erfolge.


Direktor Dipl.-Ing. Walter S a c k e l (Lenzing):

Sünden gegen die Natur rächen sich im allgemeinen am schwersten. Beispiele gibt es genug; denken wir im Zusammenhang mit Wasser und Abwasser an den Zürichersee: Dieser große, einmalig schöne See ist bekanntlich weitestgehend erkrankt. Es wird sehr große Opfer erfordern, ihn wieder in Ordnung zu bringen.

Im Gebiet der Salzkammergutseen ist es teilweise nicht viel besser. Ich wohne selbst am A t t e r s e e und muß sagen, daß die Feststellung von Herrn

Dozent Liepolt, daß sich die Güte dieses Sees rapid verschlechtert, durchaus zutrifft. Badebuchten, die früher klares, einwandfreies Seewasser hatten, haben sich seit etwa einem Jahr zu ihrem Ungunsten verändert. Sie sind häufig mit Faulschlamm, Grünschlamm und Sphaerotilus verseucht. Dabei führte der See in den Badebuchten bis in die letzte Zeit einmalig schönes, klares Wasser.

Ursache für die Verschlechterung ist einmal die Ü b e r d ü n g u n g des Sees durch häusliche und gewerbliche Abwässer. Die Bautätigkeit an den See-Ufern ist erheblich, die vielen zusätzlichen Wochenendhäuser und Siedlungs-anlagen werden direkt in den See entwässert. Die Abwässer werden nun in den strömungsarmen Teilen, also in den Buchten, abgesetzt und überdüngen diese. Es ist heute schon so, daß man in manchen Buchten nicht mehr baden kann.

Das zweite Übel ist das massierte Auftreten von M o t o r b o o t e n. Die Herren Vorredner haben die Gefahren, welche durch die Motorboote entstehen, bereits behandelt. Wie spielt sich der Einsatz der Motorboote wirk-lich ab? Zunächst haben wir die registrierten Motorboote, das sind solche, deren Besitzer sich eine Bewilligung von der zuständigen Bezirkshauptmann-schaft beschaffen. Diese Boote dürfen auf dem bewilligten See eingesetzt werden. Neben ihnen gibt es eine Anzahl illegaler Boote; diese haben keine Einsatzerlaubnis. Gewöhnlich werden sie durch einen Anhänger im Schlepp eines Autos befördert. Je nach Laune des Besitzers werden die Motorboote dann an irgendeiner Stelle des Sees eingesetzt. Diese Boote verschleppen viel-fach Viren, verursachen z. B. die Purpuralge u. a.

Die Zahl der zugelassenen Motorboote ist heute schon übermäßig groß; das kommt daher, daß praktisch keine Ablehnung der Zulassungsansuchen erfolgt, d. h., die mit der Zulassung befaßte Stelle, welche die Auswirkungen des Motorbooteinsatzes auf dem See nicht abschätzen kann, geht viel zu groß-zügig vor.

Dies gilt ganz besonders für den Attersee, der wohl eine große Ober-fläche besitzt, aber ein sehr kleines Einzugsgebiet hat. Aus diesem Grunde ist der See nicht in der Lage, sich bei Verschmutzung rasch zu regenerieren. Bedenkt man, daß das Verhältnis „Oberfläche zum Einzugsgebiet" beim Attersee 1 : 10 beträgt, so erkennt man die Anfälligkeit des Sees, bzw. seine geringe Selbstreinigung. Bei anderen Seen beträgt dieses Verhältnis 1 : 40 oder mehr. Solche Seen werden gegen Verschmutzungen aller Art (also auch Motor-boote) viel unempfindlicher sein, weil sie die Möglichkeit haben, sich rasch zu regenerieren.

Beim Neusiedlersee z. B. ist das Verhältnis „Oberfläche zum Einzugs-gebiet" noch viel ungünstiger. Wenn dort Motorboote zugelassen werden und man auch bei der Abwassereinleitung großzügig vorgeht, wird dieser See in kürzester Zeit als Badesee überhaupt ausscheiden. Bedenkt man, daß der Neusiedlersee, „das Meer der Wiener", als Badesee für Wien eine große

Bedeutung hat, so muß man alles unternehmen, um eine Abwärtsentwicklung zu verhindern.

Ebenso muß man beim Attersee, der ebenfalls ein Erholungs- und Badesee erster Ordnung ist, bei den Bewilligungen für Einleitung von häuslichen und gewerblichen Abwässern und bei Zulassung von Motorbooten außerordentlich rigoros vorgehen, andernfalls wird man in die Zwangslage kommen, kostspielige Regenerierungsmaßnahmen für den See einzuleiten, wie solche bereits beim Schliersee und Tegernsee durchgeführt werden und beim Zürichersee für die nächste Zeit geplant sind.

Herr Dr. Flögl hat vorhin erwähnt, daß solche Sanierungsmaßnahmen außerordentlich teuer sind und man nicht einmal weiß, ob sie überhaupt zum Ziele führen. Ich nehme an, daß dies doch der Fall ist, muß aber gleichzeitig darauf hinweisen, daß eine Sanierung sehr lange dauert.

Nun zur F i s c h e r e i : Es gibt viele Leute, welche nicht einsehen wollen, daß wegen ein paar Fische bzw. einiger Fischer und deren Vergnügen so viel Aufhebens gemacht wird. Die Sache liegt aber ganz anders. Fauna und Flora, also die Fische und die Seenpflanzen, sind Indikatoren, die uns anzeigen, ob der See gesund ist oder nicht. Wenn wir keine Fische mehr im See haben, und wenn die Uferflora sich nachteilig verändert, sehen wir ganz genau, daß der See krank ist. Deshalb darf die Fischerei bzw. die Beurteilung der Seeflora nicht nebensächlich behandelt werden.

Seen sind E r h o l u n g s s t ä t t e n für viele Menschen, vor allem auch für den gewöhnlich Sterblichen. Viele dieser Erholungsuchenden schwimmen, rudern oder segeln und haben daher Interesse, durch herumrasende Motorboote nicht in ihrer Sicherheit beeinträchtigt, nicht in ihrer Ruhe gestört und nicht durch giftige Auspuffgase geschädigt zu werden. In diesem Zusammenhang möchte ich bemerken, daß z. B. am 27. August d. Js. eine Unzahl Motorboote den See befuhr, und daß die Auspuffgase über dem Seespiegel in Form einer blauen Schicht lagerten. Der Schwimmer mußte diese Auspuffgase — weil sich Mund und Nase nahe der Wasseroberfläche befinden — einatmen. Um aus dieser Gaswolke zu kommen, mußte man so rasch als möglich aus dem See flüchten. So mußte sich der Erholungsuchende, der unter Aufwendung großer Kosten mit seiner Familie den Attersee aufgesucht hat, wegen einiger weniger sogenannter „Motorsportler" sein Vergnügen verderben lassen. Schließlich ist zu bedenken, daß in diesen Auspuffgasen z. T. krebserregende Stoffe enthalten sind.

Nun noch etwas:

Wir haben — das glauben sehr Wenige — nicht allzuviel reines Wasser. U n s e r e S e e n sind die letzten R e s e r v o i r e , welche u. U. auch für die Trinkwasserversorgung von Siedlungsgebieten herangezogen werden können. Es ist dies ein Kapital, dessen Wert wir von Jahr zu Jahr mehr schätzen werden. Schon in nächster Zeit wird Linz und Wels sowie die ganze Welser

Heide irgendwie mit Trinkwasser zusätzlich versorgt werden müssen. Man
wird wahrscheinlich gezwungen sein, die Salzkammergutseen als Trinkwasserspender zu benützen.

Bevor ich schließe, möchte ich dem Wasserwirtschaftsverband und dem
Naturschutzbund danken, daß sie die Möglichkeit gegeben haben, heute eine
Reihe interessanter und wertvoller Vorträge zu hören, und den Gedanken der
Reinhaltung der Seen in die Öffentlichkeit getragen haben. Ich möchte noch
anregen, daß wir hier nicht auseinandergehen, ohne einen Plan für die weitere
Behandlung der Aufgaben zur Reinhaltung der Seen gemacht zu haben.


Min.-Rat Dr. Hermann F r ö h l i c h (Wien):

Um einem Irrtum vorzubeugen, sei erwähnt: Herr Direktor Sackel hat
gesagt, daß die M o t o r b o o t e von den Bezirkshauptmannschaften zugelassen werden und daß diese weniger zulassen sollten. Es gibt in Österreich
wohl eine Zulassung, doch nicht der Zahl nach und nicht durch die Bezirks-
verwaltungsbehörde. An bayerischen Seen werden die Motorboote zahlen-
mäßig zugelassen, und damit wird ein Überhandnehmen der Boote verhindert. Wir sind noch nicht so weit. An den bayerischen Seen hat sich allerdings gezeigt, daß die Interventionen politischer Art vielfach das zuerst ge-
steckte Ziel auch sehr leicht überschreiten lassen.

Wir haben bei uns verschiedene gesetzliche Bestimmungen, die aus der
Zeit um 1936 stammen. Es sind bei uns Sportboote einer gewissen Größe
und PS-Anzahl überhaupt nicht zulassungspflichtig, und das, was wir Zulassung nennen, heißt, daß das Boot zum Verkehr zugelassen wird, mit
anderen Worten, es wird vom Landeshauptmann als Schiffahrtsbehörde geprüft, ob es verkehrstüchtig ist usw.; es wird bei positivem Prüfungsergebnis
für ein Gewässer oder mehrere Gewässer zugelassen, aber es ist nicht so,
daß die Zulassung beschränkt ist auf eine Zahl. Es gibt eine erhebliche Anzahl, und das betrifft hauptsächlich die Sportboote einer gewissen Größe,
die überhaupt nicht zulassungspflichtig sind. Es müssen nur alle mit einem
Motor versehenen Boote eine Nummer bekommen, und dafür ist die Bezirkshauptmannschaft zuständig. Aus der Nummer weiß man, wem das Boot gehört, und kann damit den Schiffsführer, wenn er irgendetwas Vorschrifts-
widriges tut, feststellen. Es hat sich aber gezeigt, daß Inhaber von Booten,
die auf dem Rücken von Autos aus dem Ausland herkommen, Nummern auf-
malen, die nur der Täuschung dienen; wenn sie aufgeschrieben werden, stellt
sich oftmals heraus, daß es ein Boot dieser Bezeichnung nicht geben sollte.

Wir haben auf diesem Gebiet eine große, schwere, legistische Aufgabe
vor uns, aber wir sind noch nicht so weit. Es wird noch eine Weile dauern,
bis man dem dort und da auftretenden Unfug wird steuern können. Wir

werden vielleicht dann auch das System der Zulassung einer bestimmten
Anzahl von Booten durchführen können.

Andererseits möchte ich noch dazu sagen, daß die Gewässer nicht nur
von den Motorbooten verunreinigt werden, sondern auch von gewissen
Industrie-Betrieben, und zwar nicht nur die Seen, sondern auch die fließenden
Gewässer, und daß Rußland dazu übergegangen ist, Betrieben vorzuschreiben,
daß sie das Wasser, das sie selbst brauchen, unterhalb der Einleitung ihrer
eigenen Abwässer entnehmen müssen, so daß sie gezwungen sind, das Wasser
wieder zu reinigen.


Bürgermeister Karl P i r i n g e r (Gmunden):


Es ist heute in den Ausführungen der Vorredner öfters gesagt worden,
daß die Gemeinden Abhilfe zu leisten im Stande seien. Ja, wir haben diesbezüglich Gesetze — soweit solche noch fehlen, schaffe man sie doch! —,
und sowohl die Behörden wie auch die Gemeinden sind bereit, diese Gesetze
durchzuführen. Was uns daran hindert, sind die vielen Interventionen. Man
schiebe daher zuerst dem „I n t e r v e n t i o n i s m u s" einen Riegel vor;
man dient damit der Sache, und uns Verantwortliche schützt man vor An-
feindungen und Unannehmlichkeiten.

Wir haben auch die berühmte 5 0 0 - M e t e r - Z o n e, auf die man
immer und immer wieder, je nachdem, wie es einem eben in den Kram paßt,
verweist. Würden wir in Gmunden z. B. voll und ganz nach dem Gesetz
die 500-Meter-Zone anwenden, dann könnte kein Haus mehr gebaut werden,
denn unsere Stadtgrenzen reichen nicht weit über einen Kilometer vom See
weg hinaus. Hier haben wir ein Gesetz, das ohne Unterschied angewendet
werden soll, gleichgültig ob das am Traunsee, Attersee oder am Hallstättersee ist.

Zu den K a n ä l e n. Alle Bürgermeister wissen, daß hier Abhilfe notwendig ist, daß Kläranlagen gebaut und daß die Kanäle nicht direkt in den
See geleitet werden sollten. Um all das durchführen zu können, braucht man
Geld und wieder Geld. Gmunden hat z. B. von Herrn Professor Dr. Pönninger ein Generalprojekt erstellen lassen. Die Ausführung dieses Projektes
würde über 35 Mio. S kosten. Für Altmünster, das bezüglich Ableitung
der Kanalwässer sehr schlecht dran ist, hat Prof. Pönninger ebenfalls ein
Projekt ausgearbeitet. Es kostet 15 Mio. S. Nun sagen Sie mir, wie soll
eine Gemeinde mit einem Budget von 3½ Millionen ein derartiges Projekt
verwirklichen. Hier sind nicht Worte am Platz, sondern Taten.

Mit Recht haben meine Vorredner auf den V e r k a u f  v o n  S e e -
u f e r g r ü n d e n verwiesen. Am Traunsee, soweit dies die Ost- und Nord-
ufer betrifft, werden Gründe nicht verkauft, wohl aber verpachtet, und

zwar oft nur in einem Ausmaß von 10 oder 12 m². Diese kleinen Flächen
werden von den Pächtern mit einem Zaun umgeben, vielleicht auch mit
Hecken, und vor den Zäunen steht kühn „Privatbesitz". Damit ist allen
übrigen Bewohnern der Zutritt zum See verwehrt und mitunter sogar auch
noch die Sicht auf den See genommen. Hier müßte Abhilfe geschaffen, hier
dürfte von Seiten der Verpächter nicht jedem Schilling nachgejagt werden.
Unser ganzes Ostufer und ein großer Teil des Nordufers wären frei, wenn
diese Verpachtungen und Vermietungen nicht erfolgen würden. Ich warte
heute nur noch darauf, daß auch der schöne Strand unter dem Schloß
Württemberg einmal verpachtet und parzelliert wird, ein Strand, der heute
sehr vielen Erholung und Aufenthalt bietet. Diese Verpachtungen und Vermietungen, insbesonders wenn der Forst und der Bund Besitzer sind, müßten
verboten werden, denn das Seeufer gehört allen und müßte auch von allen
betreten werden können.

Heute wurde auch davon gesprochen, daß das Land Oberösterreich im
letzten Jahr 500.000 S zum A n k a u f  v o n  S e e g r ü n d e n freigegeben
hat. Um 500.000 S bekommt man 2000 m², und das ist nicht mehr als eine
Bauparzelle. Umgekehrt habe ich aber auch gehört, daß das Land Oberösterreich die „Bräuwiese" in Traunkirchen zurückkaufen will. Diese Wiese,
wie man hört, soll der Arbeiterbank gehören, die für den Quadratmeter
jetzt S 55,— verlangt. Eine ungeheure Summe auch für das Land Oberösterreich.

Zusammenfassend möchte ich sagen: Wenn es um die Reinhaltung der
Seen, den Verkauf, die Verpachtung und Vermietung der Seeufer geht, dann
müßten alle wie ein Mann dagegen stehen. Der Gesetzgeber aber hätte
überall dort mit Energie durchzugreifen, wo Unfug getrieben wird, und vor
allem wäre jede Intervention auszuschalten, wenn es um die Reinheit des
Wassers und um die Erhaltung der Schönheit unserer Landschaft geht.


Der folgende Beitrag wurde schriftlich eingebracht von
Dr. Roland B u c k s c h (Wien):

Es wurde schon mehrfach mit Recht darauf hingewiesen, daß der Verkauf von Seeparzellen an Private vom Standpunkt des Seenschutzes absolut
unerwünscht ist. In diesem Zusammenhange sei auf eine äußerst interessante
Entscheidung des Verwaltungsgerichtshofes hingewiesen (Zl. 1116/60 vom
28. IX. 1961), welche sich mit der Frage der „A u s s c h e i d u n g  a u s
d e m  ö f f e n t l i c h e n  W a s s e r g u t" befaßt. Öffentliches Wassergut
sind bekanntlich jene Flächen, die zum Bett eines öffentlichen Gewässers gehören und die im wesentlichen nur durch Ausscheidung in privaten Besitz
übergehen können. Eine solche Ausscheidung hat der Landeshauptmann, der
das öffentliche Wassergut verwaltet, gemäß § 4 Abs. 7 WRG auf Antrag

dann auszusprechen, „wenn diese Flächen für den mit der Widmung als öffentliches Wassergut verbundenen Zweck dauernd entbehrlich erscheinen". Nun hat der Verwaltungsgerichtshof in der obigen Entscheidung festgestellt, daß die Widmung als öffentliches Wassergut offenbar dem Zweck dient, den Gemeingebrauch am Gewässer zu sichern und die Teilnehmer am Gemeingebrauch davor zu schützen, daß ihnen gegenüber die Verletzung eines Privatrechtes eingewendet und dadurch der Gemeingebrauch verhindert oder erschwert wird. Die Ausdehnung des Privatbesitzes auch auf das Gewässerbett kann also vom Landeshauptmann unter Hinweis auf die Unentbehrlichkeit für den Gemeingebrauch (die in den meisten Fällen gegeben ist) abgelehnt werden. Da bisher meistens nur die Frage der Sicherung oder der zweckmäßigen Gestaltung der Uferverhältnisse als Kriterium herangezogen wurde, ist dieses vom Verwaltungsgerichtshof aufgezeigte Argument eine absolut geeignete Handhabe für den Landeshauptmann, um das vom Standpunkt des Seenschutzes unerwünschte weitere Ausscheiden von Parzellen aus dem öffentlichen Wassergut wirksam zu unterbinden.


Der nachstehende Diskussionsbeitrag über „Das Kehrichtproblem in den schweizerischen Fremdenkurorten" wurde eingesandt vom Geschäftsführer der Schweizerischen Vereinigung für Gewässerschutz, Herrn

Dr. H. E. Vogel (Zürich):

Als Diskussionsbeitrag zu dieser Tagung möchten wir uns gestatten, Ihnen über die Ergebnisse einer Untersuchung, die wir im Auftrag der Schweizerischen Vereinigung für Gewässerschutz in 36 schweizerischen Kurorten über das Kehrichtproblem durchführten, kurz zu berichten.

Die Kehrichtverhältnisse liegen in vielen Fremdenzentren noch oft sehr im argen. Wenn auch in den größeren Kurorten die Kehrichtabfuhr wenigstens in den Dorfzentren organisiert wurde, so können die anfallenden Müllmengen noch nicht in befriedigender Weise beseitigt werden. So häufen sich an Seeufern Kehrichtdeponien, die unangenehme Dünste verbreiten und Fliegen-, Ratten- und Krähenplagen nach sich ziehen. Bei am Hang gelegenen Kurorten wird das Kehrichtgut, auch Metzgereikonfiskate, oft direkt von viel befahrenen Autostraßen aus, auf Müllhänge ausgeschüttet, die vielfach eine Höhe von 100—150 m erreichen, sich gelegentlich selbst entzünden, mit dem entstehenden Rauch den ganzen Fremdenort verpesten, und deren Abfallprodukte sich immer tiefer in den unterliegenden Wald einfressen und über Felswände auf tiefergelegene landwirtschaftliche Nutzgebiet fallen. An weiteren Kurorten schüttet man den Kehricht kurzerhand in vorbeifließende Bäche, und den weiter unten wohnenden Talbewohnern erwächst dann die undankbare Aufgabe, Büchsen und andere Gegenstände wieder aus dem

78

Wasser zu fischen. Vielerorts haben sich auch die wilden Kehrichtdeponien zu einem dringlich zu lösenden Problem ausgewachsen.

Nun muß zu diesem Fragenkomplex allerdings zweierlei bemerkt werden: Einerseits liegen die schweizerischen Fremdenkurorte häufig an verkehrstechnisch sehr ungünstig gelegenen Standorten und während der Fremdenverkehrssaison fällt Kehricht nicht nur von der ortsansässigen Bevölkerung, sondern auch von Hotelgästen und Hotelpersonal an. Anderseits wurden die schweizerischen Fremdenzentren von einer Entwicklung überrannt, welche vor ca. einem Jahrzehnt begann, sich in der Zwischenzeit in rasantem Tempo entfaltete und deren Richtung und zukünftiges Ausmaß bei weitem noch nicht abzusehen sind. So hat sich innerhalb dieser Periode die Zahl der Logiernächte in den Hotels verdoppelt, zum Teil sogar verdreifacht. Als neue Formen der Feriengestaltung neben den Hotelferien haben sich die Ferien im Ferienhaus respektive in der Ferienwohnung sowie im Camping hinzugesellt. Die Zahl der Übernachtungen in Ferienappartements übersteigt in gewissen Fremdenkurorten schon beträchtlich die Zahl der Logiernächte in den Hotels. In steigendem Ausmaß werden Ferienhäuser von Feriengästen aus dem Unterland oder sogar dem Ausland angekauft, oder es werden Wohnungen im Miteigentum vergeben. Wir sehen uns so öfters einer Schrumpfung des einheimischen Bevölkerungsteils und gleichzeitig einer Durchsetzung mit auswärtigen Elementen gegenüber. Ein Kurort mit einer Stammbevölkerung von 2600 Köpfen, wie z. B. Arosa, erreicht in der Hotelsaison incl. Hotelgäste und Hotelpersonal eine Einwohnerschaft von mehr als 12.000 Köpfen.

Die Fremden bringen andere Sitten, vor allem auch andere Konsumgewohnheiten mit sich, welche dem Konsumgütersektor in den Fremdenzentren starken Auftrieb verleihen. Die einheimische Bevölkerung paßt sich früher oder später den neuen Lebensgewohnheiten an und mit dem überhandnehmenden Autotourismus, dem mit dem Ausbau unseres Straßennetzes Tür und Tor geöffnet werden, verstärkt sich dieser Zug zur Verstädterung noch beträchtlich.

Die geschilderte Entwicklung wirkt sich kumuliert auch auf das Kehrichtproblem der Kurorte aus und läßt den Hausmüllanfall in geradezu geometrischer Progression anwachsen, wozu die Umstellung auf elektrische Kochherde und Ölheizungen, welche große Mengen von Abfallpapier zusätzlich anfallen läßt, in erheblichem Ausmaß beiträgt. Es wurden, um nur einige Beispiele zu geben, folgende Müllmengen pro Jahr registriert: In Montreux 19.500 m³, in Davos 15.000 m³, in Zermatt 13.000 m³, in Arosa 11.000 m³, in Interlaken 10.000 m³, in Grindelwald 9.000 m³, in Montana-Vermale 5.000 m³.

Wie wir erheben konnten, läßt sich dabei eine konstante Verhältniszahl zwischen dem Müllanfall einerseits, der Zahl der Übernachtungen sowohl der Hotelgäste wie auch des Hotelpersonals und der einheimischen Bevölkerung anderseits feststellen, wobei jedoch der Anfall der einheimischen Bevölkerung nur zur Hälfte, der Anfall des Hotelpersonals nur zu einem Sechstel desjenigen der Hotelgäste gewertet werden darf.

Die finanziellen Mittel, die zur Sanierung der entstandenen unhaltbaren Müllverhältnisse durch die Fremdenzentren eingesetzt werden sollten, können öfters bei den vielfältigen anderen baulichen und landschaftsgestalterischen Neuaufgaben nicht allein durch die einheimische Wohnbevölkerung aufgebracht werden. Die Kehrichtaufwendungen pro Kopf der einheimischen Wohnbevölkerung und pro Jahr erreichten in Davos Fr. 13,60, in St. Moritz Fr. 21,30, in Interlaken Fr. 10,60, in Arosa Fr. 21,20, in Leysin Fr. 13,40, in Flims Fr. 16,—, in Wengen Fr. 14,20, in Pontresina Fr. 13,60, in Villars Fr. 17,50, auf Lenzerheide Fr. 20,40, in Verbier Fr. 38,50. In den schweizerischen Mittelstädten ohne besonders stark entwickelten Fremdenverkehr, z. B. St. Gallen, Winterthur, Biel, La Chaux-de-Fonds, Fribourg, Neuchâtel, Schaffhausen, Chur, Solothurn, halten sich diese Anteile durchwegs unter Fr. 2,—. Es dürfte aus den für die Kurorte genannten Werten hervorgehen, daß die für die Wegschaffung des Hausmülls aufzuwendenden Mittel nicht nur durch Abwälzung auf die Feriengäste aufgebracht werden können.

Zum Schluß möchten wir doch noch einige positivere Aspekte des schweizerischen Kehrichtproblems vermitteln. Es gibt bei uns Kurorte, wie z. B. Verbier, Davos usw., die ihre Kehrichtfrage in zufriedenstellender Weise gelöst haben, sei es durch Beseitigung in einem abseits gelegenen Steinbruch, wo keinerlei Geruchsbeeinträchtigung oder Grundwasserverunreinigung zu befürchten ist, sei es durch eine Verbrennungsanlage. Anderseits bestehen Projekte, ganze Talschaften oder wenigstens mittlere Regionen zusammenzufassen, die dann ihre Müllabfälle in eine gemeinsame Müllverwertungs- oder -verbrennungsanlage zu liefern hätten, wenn auch letztere heute für kleinere Konsortien immer noch außerordentlich teuer zu stehen kommt. Derartige Zusammenschlüsse sind vorgesehen für das obere Schweizer Genferseeufer, das Sottoceneri (Gegend um Lugano), die Gegend um Locarno/Ascona, das Oberengadin, das Prättigau (mit Klosters), usw.

Es muß jedoch betont werden, daß die Lösung des Kehrichtproblems in der Schweiz äußerst dringend ist, und daß wir, wenn wir nicht zur Zeit zum Rechten sehen, innert weniger Jahre die Kehrichtlawinen, von denen sich unsere Kurorte bedroht sehen, unter viel ungünstigeren Bedingungen zu bekämpfen haben werden.

# Exkursionsbericht

von Direktor i. R. Dipl.-Ing. Dr. Richard W e i s, Wien


Abfahrt am 30. September 1961 von Gmunden um 8 Uhr. Etwa 40 Teilnehmer in einem Autobus und mehreren PKWs.


### Aufenthalt in Traunkirchen

Von der Landungsbrücke der Traunseeschiffahrt wurden durch Hofrat S c h a u b e r g e r und Dr. S c h a d l e r das Projekt der Forststraße mit Tunnel durch den Steilabsturz des Traunsteins zur Lainaustiege erörtert, sowie die Schädigung des Landschaftsbildes durch den *Steinbruch* von Meyr-Melnhof (früher Gmundner Kalkwerke), durch die *Forststraße* bei der Eisenau und durch die Auflassung der idyllischen Gaststätte in der Eisenau, weiters durch die Errichtung von *Bungalows* auf der Wiese ober dem Gasthof Hoisen (innerhalb der 500 m Uferschutzone).

Der Steinbruch von Mayr-Melnhof wird wahrscheinlich infolge zunehmender Abbauschwierigkeiten aufgelassen werden.


### Ebensee

Hier wurden vom Autobus aus die *Abwassereinleitung* der ESW durch Schwimmsteg und Pumpenfloß, bei der neuen Straßenbrücke die *Hochwasserschutzbauten* an der Traun kurz gezeigt.


### Aufenthalt bei Langwies

Erläuterung der naturnahen *Traunregulierung* durch Hofrat Schauberger.


### Aufenthalt in Steeg

Erklärung der *Seeklause*, Hinweis auf die *Soleleitungsbrücke* im Gosauzwang als Beispiel eines in die Natur schön eingefügten technischen Objektes.


### Bei Goisern

Bei der Fahrt zwischen Anzenau und Goisern wurde die neue *Straße der Forstverwaltung* durch die Steilwände der „Ewigen Wand" zum Predigtstuhl gezeigt, wodurch das Landschaftsbild für mehrere Jahre beeinträchtigt ist.


### Vorderer Gosausee

Zur Vollfüllung fehlten noch etwa 4 m. Es wurde die Entstehungsgeschichte der Kraftwerksgruppe Gosausee erläutert und zum Schluß lobend hervorgehoben, daß die OKA in der Hauptreisezeit stärkere *Absenkungen des Seespiegels* vermeidet.

## Hallstatt

Dr. Schadler erläutert die verschiedenen Varianten des Projektes der *Seeuferstraße* von Steeg über Hallstatt nach Obertraun. Vom Standpunkt des Landschaftsschutzes würde die Tunnelvariante am vollkommensten entsprechen, leider ist sie auch die kostspieligste Lösung.

Beprechung der Projekte in der Uferschutzzone bei Schloß Grub am Ostufer, und zwar *Ferienkolonie* oder Errichtung einer *Hotelgruppe* nach dem Vorbild der Hochhäuser in Bad Gastein. Es besteht Hoffnung, daß keines dieser Vorhaben genehmigt wird.

Der neben der evangelischen Kirche mündende Bach bringt die unlöslichen Stoffe des Haselgebirges aus den *Sinkwerken des Salzberges* und baut die bestehende Halbinsel immer weiter in den See. Bei der Variante einer Uferstraße müßte die Gründung mit sehr tief in den Seegrund reichenden Pfählen durchgeführt werden.

Das nördlich des Baches unter dem Felsen der katholischen Kirche gelegene Hotel „Kainz" hatte derartige Mauerrisse, daß es zum großen Teil abgetragen werden mußte, der Rest muß ebenfalls entfernt werden.

## Wolfgangsee

Auf der Fahrt längs des Sees zwischen Strobl und St. Gilgen wurde auf die drohende Verunstaltung des Landschaftsbildes durch den weiteren Ausbau des *Promenadenweges* um den Bürgelstein herum und durch die *Verbauung* der großen Wiese oberhalb St. Wolfgang aufmerksam gemacht.

## Aufenthalt in der Fischzuchtanstalt „Kreuzstein"

des Bundesinstitutes für Gewässerforschung und Fischereiwirtschaft in Scharfling/ Mondsee. Begrüßung durch den Leiter des Institutes, Dr. Wilhelm E i n s e l e, der in einem Vortrag die Aufzucht von Fischbrut erläuterte und vorführte. Durch die Fütterung der Brütlinge bis zu genügend großen Setzlingen von etwa 20—25 mm Länge werden die Lebensaussichten der Besatzfische und damit die Fangergebnisse außerordentlich gesteigert. Dr. Einsele regte auch an, daß in Fragen der Fischereibiologie nur wirkliche Fachleute gehört werden, und weist darauf hin, daß an seinem Institut Wissenschaft und praktische Erfahrung vereinigt wirksam sind.

## Drachenwand

Bei der Fahrt längs des Südufers nach Mondsee unter der Drachenwand wurden die tiefgreifenden *Bauarbeiten* an der neuen Uferstraße besichtigt.

Nach einer Rast in Mondsee ging die Fahrt längs des nördlichen Ufers nach Unterach am Attersee. Die weitere Fahrt am Ufer des Attersees führte über Burgau, Weißenbach, Steinbach, Schörfling am Nordende, dann über Lenzing, Vöcklabruck, Attnang-Puchheim nach Gmunden.
(Eintreffen etwa 19,30 Uhr.)

# Anhang

Der nachstehende Beitrag wurde als Manuskript vorgelegt, um bei der Tagung selbst Zeit für die Vorführung der die Untersuchungen illustrierenden Farblichtbilder durch den Autor zu gewinnen.

Dr. Ekkehard Hehenwarter (Linz):

## Der Traunsee
## im Brennpunkt naturwissenschaftlicher Forschung

Es ist nur selten der Fall, daß ein so großer See, wie der Traunsee in Oberösterreich, der 25,6 km² in der Fläche mißt und bei einer größten Tiefe von 191 Metern 2,3 Milliarden Kubikmeter Inhalt hat, unter Einsatz wirklich beträchtlicher Geldmittel derart gründlich naturwissenschaftlich erforscht werden kann, wie dies hier geschehen ist. Das ganze Traungebiet mit dem Traunsee wurde im Zuge der Projektierung einer geschlossenen Kraftwerkskette vom See bis zur Donau zum Objekt technischer Planung, die aber zur Grundlage eine genaue Kenntnis der naturgegebenen Verhältnisse unbedingt benötigte. Die moderne Wasserkraftplanung arbeitet in den letzten zwanzig Jahren in immer mehr zunehmendem Maße gemeinsam mit den Kräften und Eigenheiten der Natur, macht sie zur Verbündeten der Technik und nicht mehr, so wie man es früher mit Gewalt versucht hat, zur Unterworfenen.

Aus dieser Erkenntnis heraus, eine verbündete Natur zu gewinnen, war es notwendig, diese Bundesgenossin aber auch zu kennen mit allen ihren Eigenheiten, da nur Verständnis des Partners die Grundlage guten Zusammenlebens in der Zukunft gewährleistet.

Die Arbeiten zur Erforschung des Traun- und Traunseegebietes begannen schon im frühesten Stadium des Projektes. Seit 1948 laufen die ersten generellen Vorerkundungen.

Im folgenden soll der Reihe nach kurz auf die geleisteten Arbeiten eingegangen werden:

## 1. Geologie

Auf diesem Gebiete war mit besonderer Sorgfalt und großem finanziellem Aufwand vorzugehen. Der Traunsee selber stellt geologisch eine etwa N-S eingeschnittene Querfurche im Gebirgsbau der Nordflanke der Kalkalpen dar, die entlang einer tektonischen Störung angelegt und glazial zu einer Seewanne verbreitert wurde. Der Südteil der Wanne liegt mit steilen Ufern in den Kalkfelsen eingebettet, sein Nordteil in den Sandsteinen der sogenannten Flyschzone, das Nordende mit der austretenden Traun wird von Moränenwällen gebildet.

Die Ufer des Sees werden zudem noch von rezenten Bildungen, von Seesedimenten, von Schuttkegeln und umgelagerten Moränentonen umsäumt. Diese Vielfalt machte es notwendig, besonders die Ufer des Sees einer sorgfältigen Erkundung durch Bohrungen, bodenkundliche Arbeiten, Grundwasseraufnahmen und eine Reihe von physikalischen und chemischen Analysen zu unterziehen.

Die Baustelle der ersten Kraftwerksstufe unterhalb von Gmunden mußte zudem speziellen geologischen Arbeiten unterworfen werden. Insgesamt 33 Tiefbohrungen bis zu 40 m waren für alle diese Arbeiten notwendig.

## 2. Biologische Arbeiten

Neben der Geologie kamen die biologischen Untersuchungen voll zu ihrem Recht. Namentlich die Fischereibiologie mußte besonders Gegenstand der Forschung sein. Gleichzeitig damit waren genaue Studien der limnologischen Kennzeichen des Sees erforderlich, Temperaturen, Chemismus, Meteorologie, Seiches (Schwingbewegungen der Wassermassen), Wind- und Strahlungsverhältnisse, Strömungen und noch vieles andere.

### a) Fischereibiologie

Die Arbeiten hierüber liefen in Zusammenarbeit mit berufenen Instituten mehrere Sommer lang. Eine Dissertation über das Litoral des Traunsee lieferte wertvolle Hinweise. Die Ergebnisse der Fischereiuntersuchungen hatten weitreichenden Einfluß auf das Kraftwerksprojekt.

### b) Botanische Arbeiten

Auch für diese wurde eine Reihe bekannter Forscher herangezogen. Die Hauptfrage hier war die nach den Auswirkungen künstlich geregelter kleiner Seespiegeländerungen von etwa 10 cm im Tag auf die Vegetation ufernahe gelegener Grundstücke mit Wiesen- und Verlandungsflora, wobei auch die Fragen des Natur- und Landschaftsschutzes berücksichtigt werden mußten. Über alle fraglichen Ufergrundstücke — insgesamt etwa 70 Hektar — liegen seit 1952 genaue pflanzengeographische oder soziologische Arbeiten vor. Sämtliche Flächen stehen heute noch unter Kontrolle.

c) **B o d e n k u n d e**

Zugleich mit den botanischen Arbeiten liefen die Untersuchungen über Bodenkunde und Bodenwasser. Weit über 300 seichte Handbohrungen brachten hierüber die nötigen Aufschlüsse.

d) **P l a n k t o n  u n d  K l e i n o r g a n i s m e n**

Beide wurden im Rahmen der Fischereifragen gründlich behandelt. Die Algenflora des Ostufers am Traunsee war das Ziel einer eigenen Spezialuntersuchung.

e) **G e w ä s s e r g ü t e f r a g e n**

Wie überall an besiedelten Gewässern häufen sich die Probleme, die sich um die Einleitung von Abwässern in reine Gewässer drehen. Auch am Traunsee, einem noch sehr reinen See, beginnen die ersten Alarmzeichen zu mahnen. Ganz besonders sind es die flachen, nicht durchströmten Buchten des Westufers, die zur Eutrophierung neigen und in der Güteklasse (gemessen nach Demoll-Liebmann) sinken. Die Projekte zur Kanalisierung der Traunseegemeinden und zur Erfassung aller Abwässer in einer späteren Ringleitung um den See arbeiten gemeinsam mit den Ergebnissen unserer Untersuchungen. Auch hier wurde jahrelange Arbeit geleistet und der See genau kartiert. Dasselbe gilt für die Traun vom See abwärts, wo der Fluß bis zur Donau hinunter laufend mit Mikro-Foto-Protokollen genau erfaßt wird. Dazu wäre noch zu sagen, daß die Traun ein sehr stark abwasserbelasteter Fluß ist.

## 3. Physik und Chemie

Von besonderem Interesse war das Studium der T r a u n s e e t e m p e r a t u r e n. Aus diesen wurde für das Kraftwerksprojekt der genaue Temperaturhaushalt des Sees im heutigen Zustand ermittelt. Die erhaltenen Werte bildeten die Grundlage der technischen Pläne. Seit 1953 ist eine vollautomatisch arbeitende, den See in sechs Tiefen laufend messende, schwimmende Registrierstation eingerichtet, die seither fast ununterbrochen Temperaturmeßwerte liefert. Eine zweite solche Station wurde zum Vergleich für ein thermisches Längsprofil im Südende des Sees 1957 eingerichtet. Ebenso werden — seit 1950 — regelmäßige Temperaturprofile mit Elektrolot und Ruttner-Gerät über der tiefsten Seestelle wöchentlich mindestens einmal ausgemessen.

Die S t r ö m u n g e n des Sees wurden mehrere Monate im Sommer und Winter zum Teil mit freischwimmenden Triftkörpern in verschiedenen Tiefen, zum andern Teile mit Ekmann-Propeller-Meßgerät und anderen Konstruktionen untersucht. Besonders günstige Ergebnisse brachten Hochwasserwellen, die den See durchwanderten, da ihre Färbung im Wasser deutlich meßbare Grenzen erzeugt und sie so sehr gut beobachtet werden können.

C h e m i s c h e Untersuchungen waren notwendig, um die Sauerstoffkonzentration in der Tiefe des Sees im heutigen Zustand zu kennen und Störungen rechtzeitig zu erfassen. Zudem neigt der Traunsee durch einfließende Chlorkalzium-Abwässer zu meromiktischen Erscheinungen, die zu beobachten von hohem Interesse ist. Auch diese Arbeiten laufen seit 1948 ununterbrochen, wobei durch mehrere Jahre hindurch auch wöchentliche chemische Profile im Traunsee aufgenommen worden sind. Derzeit werden monatlich einmal $O_2$ und Cl-Probelotungen über der tiefsten Seestelle durchgeführt. Daneben werden laufend die Traun bis Linz, die Wasserversorgung in Gmunden und das Grundwasser in den wichtigsten Gebieten am Seeufer untersucht, um ein geschlossenes Bild der Gewässerchemie des Traunsees zu erhalten.

Im E i n z u g s g e b i e t des Traunsees, das 1400 km² groß ist, sind in zwei Wintern Versuche gemacht worden, mit Hilfe einer radioaktiven Strahlungsquelle — Co⁶⁰ — Aussagen über die Wassermenge zu gewinnen, die in der winterlichen Schneedecke gespeichert liegt. Diese Versuche waren notwendig, um ein Verfahren zu finden, das eine sichere Voraussage über die im Frühjahr, besonders zur Hochwasserzeit, ins Tal und in den See strömenden Wassermassen liefern kann.

Der H o c h w a s s e r d i e n s t bildet ebenso eine wichtige und umfangreiche Aufgabe, die es zu bewältigen galt. Genaue Berechnungen, Messungen und Dokumentaraufnahmen mit Hilfe der Fotografie sind dabei laufend zu leisten. In der Projektierung der Kraftwerke nimmt er eine wichtige Stelle ein.

## 4. Meteorologie

Die Sammlung und Auswertung dieser Daten war der zuständigen Zentralanstalt für Meteorologie in Wien vorbehalten. Genaue Studien über den Wärmeumsatz des Sees, über die Wind- und Niederschlagsverhältnisse, neben den Zahlen über die See-Strömungen, geben hier wichtige Aufschlüsse.

K l i m a t i s c h e Aufnahmen im Zusammenhang mit den botanischen Verhältnissen haben Wärme- und Kältestandorte an den Steilufern und im Flußlauf der Traun kenntlich gemacht, wodurch für eine spätere gärtnerische Gestaltung einzelner Punkte gute Hinweise erhalten werden konnten. Ein Belegsherbarium über besonders interessante Stellen wurde angelegt. In den Verlandungszonen des See-Westufers und in den Auen an der Traun der „Welser Heide" wurde ebenfalls ein großzügiges Programm klimagerechter A u e n b o t a n i k abgewickelt.

## 5. Sonstige Arbeiten

Sie sollen nur kurz zusammengestellt werden. Untersuchungen über K o r r o s i o n und Korrosionsschutz im Traunsee und an der Traun. W i n d -Diagramm-Darstellungen der Umgebung von Gmunden zur Klärung

des dortigen Standortklimas. B a u m - und P a r k b e s t a n d s a u f n a h -
m e n in Gmunden (Esplanade und Traunpromenade), an den Traun- und
Traunseeufern für Naturschutzzwecke und für private Beweissicherungen.
Arbeiten über A l g e n z o n a t i o n e n im Schwankungsbereich des Seespiegels. S ä u r e w e r t m e s s u n g e n auf den seenahen Ufergründen.
L i c h t w e r t m e s s u n g e n in den Schilfbeständen des Traunseeufers und
b o t a n i s c h e A u f n a h m e n von Vegetationszonen, die derzeit durch
menschlichen Eingriff dem Untergang geweiht sind. G e o l o g i s c h laufen
Untersuchungen über R u t s c h g e b i e t e und S c h ü t t k e g e l b e w e -
g u n g e n, ebenso ständige Beobachtungen der Absitzvorgänge im Seebecken.
Bei S e e - T i e f s t ä n d e n wird der gleiche Erhebungsdienst gemacht wie
bei Hochwässern. In der Traun finden laufend Messungen des G e -
s c h i e b e t r i e b e s statt, um einen Überblick über die Mengen an Schotter
und Sand zu gewinnen, die unterhalb des Traunsees aus der Flußrinne selbst
weggeführt werden. Gleichzeitig damit wird die noch anhaltende E i n -
t i e f u n g der Traun in ihr Bett und die damit zusammenhängende Senkung
ihres Begleit-Grundwassers gemessen. B r u n n e n u n t e r s u c h u n g e n
laufen seit 1948 im ganzen Traungebiet. H i s t o r i s c h e Arbeiten über
die Flößerei, die Salzschiffahrt und die Betätigung der „Seeklausen" (Hebe-
tore zur Seeregulierung) seit 1631 lieferten wertvolle Anhaltspunkte für die
geplante See-Regulierung.

Mit Hilfe dieser hier zusammengestellten Arbeiten, an denen eine Reihe
bekannter Forscher und Institute beteiligt war, konnte ein klares, gut unter-
bautes Bild der heutigen naturwissenschaftlichen Verhältnisse des Traunsee
und der Traun gewonnen werden.

Interessenten an den einzelnen Untersuchungen werden gerne die nötigen
genauen Angaben mitgeteilt oder auch die erarbeiteten Tabellen, Bilder oder
Darstellungen übersendet. Im Rahmen dieses Beitrages konnte nur der allgemeine Umfang der Arbeiten gegeben werden. Ein entsprechendes Ersuchen wäre
an den Verfasser zu richten (Linz, Bahnhofstraße 6).

Wirkl. Hofrat i. R. Dipl.-Ing. Walter S c h a u b e r g e r (Gmunden):

# Vorschreibungen für die Ausführung
# von Seeuferböschungen

Der Uferschutz ist entsprechend dem Gutachten der Oberen Naturschutzbehörde beim Amt der o.-ö. Landesregierung als Uferdeckwerk mit
Trockenpflaster in der Neigung 1 : 2 auszuführen.

Die seeseitige Begrenzung der Anschüttung soll natürlich verlaufen, Be-
gradigungen sind zu vermeiden. Längs der festgelegten neuen Uferlinie wird
am Seegrund ein Spitzgraben ausgehoben und entsprechend der Pflaster-
neigung ein 20 cm starkes Grobschotterbett angebracht. Auf dem Schotter
wird dann die unterste Pflasterschar mit großen Steinen so angesetzt, daß

ihre Oberfläche eben mit dem Seegrund liegt. Die unteren Steinscharen haben eine Steingröße von 60—80 cm, die oberen mindestens 30 cm. Die Pflasterstärke soll unten 40 cm und oben 30 cm betragen. Das Pflaster darf auf keinen Fall auf Erde verlegt werden.

Die Steine sollen mit möglichst engen Fugen verlegt werden, diese dürfen jedoch nicht mit Zement gefüllt werden, sondern die unteren Fugen werden mit Steinscherben ausgezwickt, die oberen Fugen hingegen mit Rasenstücken ausgestopft. Am oberen Ende des Pflasters wird ein 1 m breiter Rasenstreifen angelegt, der bis zur Anwurzelung durch ein engmaschiges Drahtgeflecht gegen Wellenschlag zu sichern ist.

Landschaftlich wertvoll ist es, wenn die Böschung bei der Verschneidung mit dem Terrain keine Kante bildet, sondern mittels einer größeren A u s - r u n d u n g in das Terrain übergeführt wird.

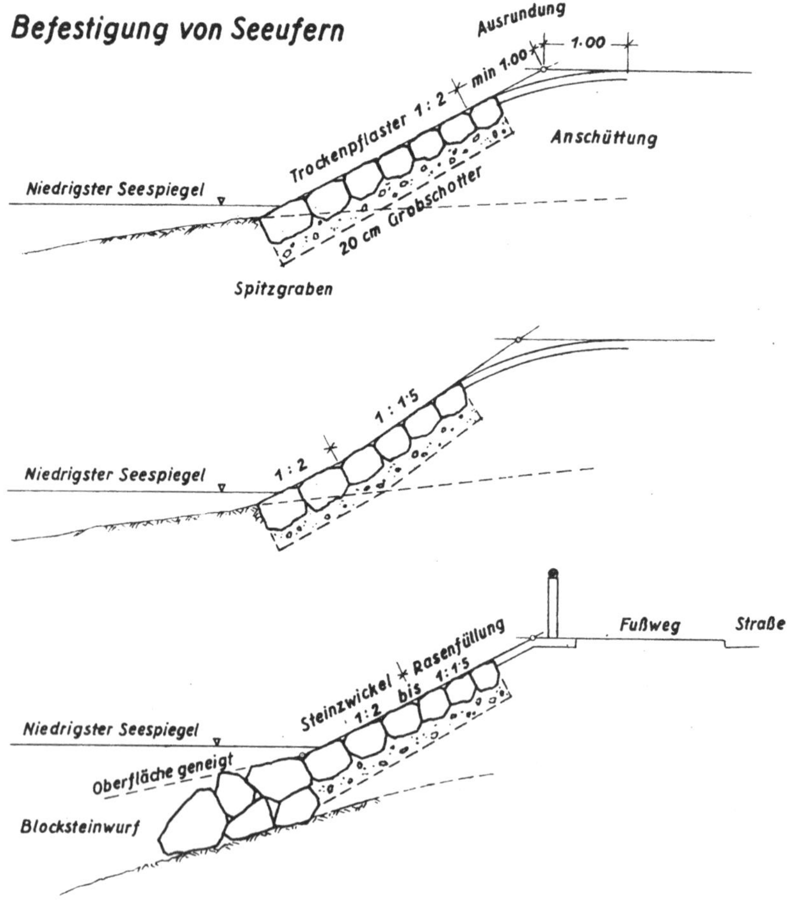

# Verzeichnis der Teilnehmer

A b r a s c h e k, Sekt.-Rat Dipl.-Ing. Franz — Bundesministerium für Verkehr und Elektrizitäts-
wirtschaft, Wien
A i g n e r, Landesfischereirat Wolfgang — Landesfischereiverband Salzburg
A l l g e u e r, Bezirkshauptmann Dr. Anton — Bezirkshauptmannschaft Bregenz
A m a n n, Mittelschulprof. Erwin — Chem. Versuchsanstalt, Bregenz
B a c h, Dr. Hans — Amt der Kärntner Landesregierung, Klagenfurt
B a l d i n g e r - H e n k e l, Reg.-Forst-Ob.-Kmsr. Dipl.-Ing. Josef — Bezirksforstinspektion
Vöcklabruck
B e n d a, Dr. Heinz — Landwirtschaftskammer für Oberösterreich und Landesfischereiverband für
Oberösterreich, Linz
B e n e d i k t, K. — „Neue Zeit", Linz
B e t s c h a n, Vizebürgermeister Leopold — Gemeinde Pörtschach/Wörthersee
B e u r l e, Baurat h. c. Dipl.-Ing. Georg — Präsident des Österreichischen Wasserwirtschafts-
verbandes, Linz
B i e d e r m a n n, Reg.-Ob.-Baurat Dipl.-Ing. Hermann — Wasserbauamt Klagenfurt
B o t s c h e n, Ob.-Landw.-Rat Ernst — Landeslandwirtschaftskammer für Tirol, Innsbruck
B r a n d s t ä t t e r, Johann — Gemeinde Fuschl/See
B r ä u e r, Redakteur Hans — Salzkammergut-Zeitung, Neukirchen/Altmünster; Geschäftsführer
der Genossenschaft der Forellenzüchter Österreichs
B r a u n, w. Hofrat Land.-San.-Direktor Dr. Kurt — Amt der Burgenländischen Landesregierung,
Eisenstadt
B r e s i c h, Land.-Ob.-Reg.-Rat Dr. Ludwig — Amt der Burgenländischen Landesregierung,
Eisenstadt
B r o s c h e k, Johann — Präsident des Verbandes der Österreichischen Arbeiter-Fischerei-Vereine,
Wien
B r u n n e r, Ing. Franz — Marktgemeinde Radenthein
B r u n n e r, Ing.-Kons. Dipl.-Ing. Dr. techn. Hellmuth — Vizepräsident der Ingenieurkammer für
Oberösterreich und Salzburg, Linz
B u c k s c h, Dr. Roland — Geschäftsführer des Österreichischen Wasserwirtschaftsverbandes, Wien
C e c h, Fremdenverkehrsobmann Johann — Fremdenverkehrskommission Unterach/Attersee
C o n r a d, Reg.-Ob.-Kmsr. Dr. Kurt — Amt der Salzburger Landesregierung, Kulturreferat,
Salzburg
D e m m e l b a u e r, Dr. Josef — Bezirkshauptmannschaft Vöcklabruck
D e m u t h, Landesrat Stefan — Amt der Oberösterreichischen Landesregierung, Linz
D i c h t l, Vorstandsdirektor Emmerich — Elektrizitätswerke AG, Wels
D i r n b ö c k, Ziv.-Ing. Dipl.-Ing. Hans — Klagenfurt
D r e c h s l e r, Forstmeister Julius — Schutzverband zur Erhaltung des Fuschlsees und seines
Abflußgebietes, Fuschl/See
E b n e r, Fischereirechtsbesitzer Josef — St. Gilgen, Fürberg
E g g e r, Ing. Hans — Salzburger Stadtwerke-Wasserwerke
E i c h h o r n, Dipl.-Ing. Karl — Fa. C. Bergmann, Linz
E i g n e r, Ing. Irmfried — Shell-Austria AG, Wien
E i n s e l e, Dr. Wilhelm — Leiter des Bundesinstitutes für Gewässerforschung und Fischerei-
wirtschaft, Scharfling/Mondsee
E n d l i c h e r, Forstmeister Dipl.-Ing. Walter — Forstverwaltung St. Wolfgang
F e r s t l, Bürgermeister Hans — Gemeinde Fuschl/See
F i l i p s k y, Ing. Karl Paul — Konsulentenverband für Landschafts- und Gartengestaltung, Wien
F l ö g l, Ing.Kons. Dipl.-Ing. Dr. techn. Helmut — Linz
F o r s t e r, Dipl.-Ing. Alois — Stadtbauamt Bregenz
F o r s t e r, Ziv.-Ing. Dipl.-Ing. Herbert — Ingenieurbüro Dipl.-Ing. H. Forster, Wörgl
F o s s e l, Ob.-Reg.-Rat Dr. Curt — Amt der Steiermärkischen Landesregierung, Graz
F o s s e l, Architekt Dipl.-Ing. Elisabeth — Graz
F r e y, Direktor Dipl.-Ing. Rudolf — Salzburger Gas- und Wasserwerke
F r i c k h, Obmann Ludwig — Fremdenverkehrskommission Schörfling/Attersee
F r i z a, Min.-Rat Dr. Franz — Bundesministerium für soziale Verwaltung, Wien
F r ö h l i c h, Min.-Rat Dr. Hermann — Bundesministerium für Verkehr und Elektrizitätswirt-
schaft, Oberste Schiffahrtsbehörde, Wien
F u c h s, Dr. Friedrich — Kammer der gewerblichen Wirtschaft, Sektion Fremdenverkehr, Linz
F u c h s, Dkfm. Lotte — Hochschule für Welthandel, Institut für Raumordnung, Wien
F ü g e n e r, Prokurist Karl Franz — Vizepräsident des Österreichischen Naturschutzbundes, Wien

F u h r m a n n, Dr. Ing. Otto — Siemens-Schuckert-Werke, Wien
G i e r l i n g e r, Elfriede — „Oberösterreichische Nachrichten", Linz
G n a d, Dipl.-Ing. Julius — ARGENTOX-GmbH, Salzburg
G o p p o l d, Reg.-Forstrat Dipl.-Ing. Wolfgang — Bezirkshauptmannschaft Kirchdorf/Krems
G o r g o n, Reg.-Rat Dipl.-Ing. Benjamin — Wildbach- und Lawinenverbauung, Sektion Linz
G o r i t s c h n i g, Gemeindesekretär Josef — Gemeindeamt Maria Wörth, Kärnten
G r a f, Dr. Herbert — Österreichischer Wasserwirtschaftsverband, Wien
G r i n i n g e r, Reg.-Ob.-Baurat Dipl.-Ing. Oskar — Amt der Kärntner Landesregierung,
    Klagenfurt
G r o i s s, Reg.-Ob.-Baurat Dipl.-Ing. Heinz — Amt der Oberösterreichischen Landesregierung,
    Landesplanungsstelle, Linz
G r o ß b i e s, Ing. Eberhard — Bundessektion Fremdenverkehr, Fachverband der Bäder, Wien
H a b i c h, Bürgermeister Johann — Gemeinde Maria Wörth, Kärnten
H a n i s c h, Obersenatsrat Dr. Karl — Österreichischer Städtebund, Wien
H a n s e l y, Oberbaurat Dr. Hugo — Amt der Kärntner Landesregierung, Landesplanung,
    Klagenfurt
H a u d e k, Obersenatsrat Dr. Wilhelm — Bezirkshauptmannschaft Gmunden, Altmünster
H a u s l e i t n e r, Ziv.-Ing. Dipl.-Ing. Walter — St. Veit/Glan
H e h e n w a r t e r, Dr. phil. Ekkehard — Oberösterreichische Kraftwerke AG, Linz
H e i n i s c h, Eduard — Lenzinger Zellulose- und Papierfabriks AG, Lenzing
H e m e t s b e r g e r, Bürgermeister Johann — Unterach/Attersee
H o f f m a n n, Min.-Kmsr. Dr. Karl — Bundesministerium für Land- und Forstwirtschaft, Wien
H ö f l e r, Ob.-Reg.-Rat Dr. Wilhelm — Bezirkshauptmannschaft Braunau/Inn
H o l z w a r t h, Kammeramtsdirektor Dr. Otto — Burgenländische Handelskammer, Eisenstadt
H ö p l i n g e r, Fischereibesitzer Nikolaus — St. Wolfgang
H o r n k e, Direktor Dr. chem. Rüdiger — Lenzinger Zellulose- und Papierfabriks AG, Lenzing
H o r z e y s c h y, Dr. rer. pol. Brigitte — Ingenieurkammer für Oberösterreich und Salzburg, Linz
H r e b e k, Dkfm. Erika — Hochschule für Welthandel, Institut für Raumordnung, Wien
H u b e r, Hofrat Dr. Hans — Amt der Niederösterreichischen Landesregierung, Wien
J a e g e r, Rechtsanwalt Dr. Ernst — Linz
J a e g e r, Dr. Kurt — Rechtsanwaltskanzlei, Linz
J i l g, w. Hofrat Dipl.-Ing. Otto — Amt der Kärntner Landesregierung, Landesbaudirektion,
    Klagenfurt
J u l g, Dkfm. Felix — Hochschule für Welthandel, Institut für Raumplanung, Wien
J u n g, Reg.-Forstdirektor Erwin — Amt der Oberösterreichischen Landesregierung, Linz
K a r, Rektor Prof. Dipl.-Ing. Dr. Julius — Hochschule für Bodenkultur, Wien, Vorstandsmit-
    glied des ÖWWV
K a s t n e r, Karl — „Salzkammergut-Zeitung"
K i e ß l i n g, Dr. techn. Herbert — KELAG, Klagenfurt
K i r s c h, Land.-Ob.-Reg.-Rat Dr. Rudolf — Amt der Tiroler Landesregierung, Landesnaturschutz-
    behörde, Innsbruck
K l e i b e l, Reg.-Bauoberkmsr. Dipl.-Ing. Wolfgang — Amt der Oberösterreichischen Landes-
    regierung, Abt. Wasserbau, Linz
K n a p i t s c h, Min.-Rat Dr. Arpad — Bundesministerium für Land- und Forstwirtschaft, Wien
K n i t t e l, Sektionsgeschäftsführer Dr. F. E. — Handelskammer Salzburg, Sektion Industrie
K o l b, Landesrat Rudolf — Amt der Oberösterreichischen Landesregierung, Linz
K ö l b l, Land.-Reg.-Rat Siegfried — Amt der Kärntner Landesregierung, Klagenfurt
K r a n i c h, w. Hofrat Dipl.-Ing. Karl — Amt der Oberösterreichischen Landesregierung, Linz
K r a u s, Univ.-Prof. Dr. Otto — Bayerische Landesstelle für Naturschutz, München
K r a u s, Else — München
K r a u s, stud. phil. Helmut — München
K r e i t s c h i, Oberforstrat Dipl.-Ing. Robert — Wildbach- und Lawinenverbauung, Seewalchen/
    Attersee
K r e t s c h m e r, Dipl.-Ing. Otto — Österreichische Donaukraftwerke AG, Wien
K r e t s c h y, Rechtsanwalt Dipl.-Ing. Dr. Erick — Gmunden
K r i e g, Simon — Vorsitzender des Österreichischen Fischereiverbandes, Salzburg
K u n i s c h, Rechtsanwalt Dr. Walter — Linz
L a c k n e r, Abgeordneter zum Nationalrat Hermann — Bruck/Mur
L a n g e r, Obmann Otto — Bezirksstelle der Handelskammer Gmunden, Gesellschaft der Freunde
    der Stadt Gmunden
L a n g e r - H a n s e l, Min.-Rat Dr. Harald — Bundesministerium für Handel und Wieder-
    aufbau, Sektion Fremdenverkehr, Wien
L e c h n e r, Direktor Dr. Friedrich — Gemeindebund, Linz
L e h m a n n, Stadtbaumeister Georg — Stadtbauamt Kufstein
L e i t n e r, Landesrat Walter — Amt der Salzburger Landesregierung, Salzburg
L e n g y e l, Dipl.-Ing. Werner — „Österr. Abwasser-Rundschau", Wien
L e r n h a r t, Min.-Rat Dr. Alfred — Bundesministerium für Handel und Wiederaufbau, Wien
L e u p o l z, Edmund — Österr. Gartenbau, Grüne Front, Freunde der Stadt Gmunden, Gmunden
L i e p o l t, Direktor Doz. Dipl.-Ing. Dr. Reinhard — Bundesanstalt für Wasserbiologie und
    Abwasserforschung, Wien
L i n d i n g e r, Rechtsanwalt Dr. Franz — Linz

90

L u k a s, Dipl.-Ing. Theodor — Österr. Elektrizitätswirtschafts AG, Wien
L ü r z e r, Oberforstrat Dipl.-Ing. Friedrich — Forsttechnische Abteilung Salzburg und Naturschutzbund Salzburg
L u t z — „Salzburger Nachrichten"
M a c h, Gerhard von — ARGENTOX-GmbH, Salzburg
M a c h u r a, Museums-Ob.-Rat Prof. Dr. Lothar — Amt der Niederösterreichischen Landesregierung, Naturschutzbehörde, Wien
M a n z a n o, Land.-Verk.-Dir. w. Hofrat Dr. Hans — Landesverkehrsamt, Salzburg
M a r a c e k, Baurat Dipl.-Ing. Karl — Amt der Burgenländischen Landesregierung, Eisenstadt
M a y r, Bürgermeister Volksschuldirektor Josef — Marktgemeinde Schörfling/Attersee
M e i n d l, Dipl.-Ing. Ernst — Bezirksforstinspektion Gmunden
M e i n h a r t, Gemeindeangestellter Heinz — Gemeindeamt Nußdorf/Attersee
M e s s i n e r, Gertrude — Österreichischer Naturschutzbund, Wien
M e s s i n e r, Ing.-Kons. Dipl.-Ing. Dr. Heinz — Wien
M i c h e l i c, Dr. Primus — Amt der Oberösterreichischen Landesregierung, Linz
M ü l l e r, Bezirkshauptmann w. Hofrat Dr. Matthäus — Kirchdorf
N e u g s c h w e n d t n e r, Dr. Stephan — Milchwirtschaftsfonds, Wien
N e u m a n n, Ziv.-Ing. Dipl.-Ing. Karl — Fa. Stern & Hafferl, Gmunden
O b e r l e i t n e r, Dipl.-Ing. Paul — Ennskraftwerke AG, Steyr
O i z i n g e r, Dipl.-Ing. Helmut — Amt der Steiermärkischen Landesregierung, Graz
O p e r s c h a l l, Direktor Dr. — Kurverwaltung Gmunden
P a n u s c h k a, Bezirkshauptmann Roman — Bezirkshauptmannschaft Vöcklabruck
P a s c h e r, Dipl.-Ing. Harald — Fa. Dipl.-Ing. Erich Pascher, Baugesellschaft mbH, Linz
P a s q u a l i, Dr. Leopold — Tiroler Wasserkraftwerke AG, Innsbruck
P a y r, Oberbaurat Dipl.-Ing. Karl — Amt der Tiroler Landesregierung, Landeskulturbauamt, Innsbruck
P e t e r l e h n e r, Ob.-Reg.-Rat Dr. Alois — Bezirkshauptmannschaft, Gmunden
P e t r i n i, Ziv.-Ing. Dipl.-Ing. Camillo — Reutte, Tirol
P f a l l e r, Bezirkshauptmann Dr. Albert — Bezirkshauptmannschaft Leoben
P i r i n g e r, Dkfm. Helga — Hochschule für Welthandel, Institut für Raumordnung, Wien
P i r i n g e r, Bürgermeister Bezirksschulinspektor Karl — Stadtgemeinde Gmunden
P l a t z l, Dr. Ing. Max — Ennskraftwerke AG, Steyr
P l e s k o t, Univ.-Prof. Dr. Gertrud — Universität Wien, I. Zoologisches Institut
P o p p, Reg.-Rat Dr. Eduard — Amt der Niederösterreichischen Landesregierung, Naturschutzbehörde, Wien
P o s c h, Journalist Fritz — „Tagblatt" und APA, Linz
P r e i t s c h o p f, w. Hofrat Dipl.-Ing. Hugo — Amt der Oberösterreichischen Landesregierung, Abteilung Wasserbau, Linz
P r o c h é, Reg.-Ob.-Baurat Dipl.-Ing. Gustav — Wasserbauamt Spittal/Drau
P r u s c h a, Forstmeister Dipl.-Ing. W. — Fischerei-Revier-Ausschuß Bad Ischl
R ä d l h a m m e r, Generaldirektor Friedrich — Vorstandsmitglied des ÖWWV, Pottendorfer Spinnerei und Felixdorfer Weberei AG, Wien
R a i n e r, Dr.-Ing. Helmut — Ebenseer Solvay-Werke, Ebensee
R a u c h, Dr. Helmut — Ennskraftwerke AG, Steyr
R e i s i n g e r, Reg.-Ob.-Baurat Dipl.-Ing. Wilhelm — Amt der Steiermärkischen Landesregierung, Landesbauamt, Graz
R e i t e r m a y e r, Oberstudienrat Prof. Dr. Walter — Amt der Kärntner Landesregierung, Klagenfurt
R e i t i n g e r, Hochschulassistent Dipl.-Ing. Johann — Technische Hochschule Wien, Institut für Hydraulik, Wien
R e n o l d n e r, Dr. Alois — Amt der Oberösterreichischen Landesregierung, Linz
R e z a c, Ing. Erich — Abwassertechnisches Büro, Vöcklabruck
R i t t e r, Dkfm. Wigand — Hochschule für Welthandel, Institut für Raumordnung, Wien
R o e s s l e, Oberbaurat Dipl.-Ing. Max — Amt der Salzburger Landesregierung, Abt. Wasserbau, Salzburg
R o s a - A l s c h e r, Verwalter Karl — Papierfabrik Steyrermühl
R o t h a r t, Stadtförster Hans — Stadtamt Kufstein, Forst- und Güterverwaltung
R ü c k e r, Ob.-Reg.-Rat Dr. Rudolf — Amt der Oberösterreichischen Landesregierung, Linz
R u d o l f, Baurat Dr. Ing. Karl — Tiroler Wasserkraftwerke AG, Innsbruck
R u t t n e r, Professor Adolf — Vöcklabruck
S a c k e l, Direktor Dipl.-Ing. Walter — Zellwolle Lenzing AG, Lenzing
S a n d r i e s e r, Techniker Helmuth — Österreichisch-Amerikanische Magnesit AG, Radenthein
S c h a d l e r, Dr. Josef — Linz
S c h a u b e r g e r, w. Hofrat i. R. Dipl.-Ing. Walter — Oberösterreichische Landesbaudirektion, Gmunden
S c h e f o l d, Zentralinsp. der ÖBB i. R. Karl — Präsident der Österreichischen Fischereigesellschaft, Wien
S c h i m e t t a, Ob.-Landw.-Rat Dipl.-Ing. Alfred — Landwirtschaftskammer für Oberösterreich, Linz
S c h l e c k, Direktor Karl — Papierfabrik F. Schuppler, Traun-Verein, Laakirchen/O.-Ö.
S c h m e i s s e r, Prokurist Dipl.-Ing. Alfred — Ennskraftwerke AG, Steyr

S c h ö r f l, Landesoberbaurat Dipl.-Ing. Walter — Amt der Kärntner Landesregierung, Villach
S c h r e i n e r, Reg.-Rat i. R. Leo — Naturschutzbund Seewalchen/Attersee
S c h u s s m a n n, Landesfischereiinspektor Michael — Amt der Kärntner Landesregierung, Klagenfurt
S c h w a b, Mag.-Konz. Dr. Erich — Magistrat Wien, Abt. 58 (für den Landeshauptmann von Wien)
S i g m u n d, Abteilungsleiter Franz — NEWAG, Wien
S i n g e r, Vizebürgermeister Johann — Gemeinde Mondsee
S p e n d u l, Dr. Herbert — Ebenseer Solvay-Werke, Ebensee
S t e r n b e r g e r, Förster Franz — Landwirtschaftskammer für Oberösterreich, Linz
S t ö g e r, Oberforstrat Dipl.-Ing. H. — Wildbachverbauung Gmunden
S t o i b e r, Rechtsanwalt Dr. Hans Helmut — Österreichischer Naturschutzbund, Linz
S t r a ß l, w. Hofrat Dipl.-Ing. Josef — Amt der Salzburger Landesregierung, Salzburg
S t r z y g o w s k i, Professor Dr. Walter — Hochschule für Welthandel, Institut für Raumordnung, Wien
T a s c h e k, Dipl.-Ing. Erwin — Amt der Oberösterreichischen Landesregierung, Linz
T h a l h a m m e r, Fachinspektor Michael — Gemeinde Altaussee
T i c h y, Oberdirektionsrat Dr. Othmar — Salzburger Stadtwerke, Salzburg
T r a u n m ü l l e r, Forstwirtschaftsrat Dr. Ing. Josef — Landwirtschaftskammer für Oberösterreich, Linz
T r a w ö g e r, Wolfgang — Fischereibootbauer in Altmünster
T s c h a b u s c h n i g, Gendarmeriebeamter Michael — Kurverwaltung Sattendorf/Ossiachersee
T s c h a d e k, Dipl.-Ing. Dr. techn. Ferdinand — KELAG, Klagenfurt
T s c h e m e r n j a k, Gemeindeangestellter Hubert — Gemeinde Maria Gail, Kärnten
U n g e r, Obersanitätsrat Dr. Josef — Bezirkshauptmannschaft Vöcklabruck
U n t e r h e r z o g, Bürgermeister Heinz — Gemeinde Feld am See, Kärnten
U r b a n, Min.-Rat Dr. Erwin — Bundesministerium für Verkehr und Elektrizitätswirtschaft, Wien
U r b a s s e k, Landesbaurat Dipl.-Ing. Gerhard — Amt der Kärntner Landesregierung, Klagenfurt
V o g e l, Geschäftsführer Dr. rer. pol. Hermann E. — Föderation Europäischer Gewässerschutz, Schweiz. Vereinigung für Gewässerschutz, Zürich
V ö g e r l, Dipl.-Ing. Friedrich — Sika-Plastiment GmbH, Bludenz
V o i t h o f e r, Nat.-Rat a. D. Josef — Österreichischer Naturschutzbund, Landesgruppe Salzburg, Schwarzach/Pongau
V o i t l, Dkfm. Ferdinand — Hochschule für Welthandel, Institut für Raumordnung, Wien
V ö l k e r, Professor Dr. Helmut — Technische Hochschule Wien, Institut für Schiffstechnik, Wien
W a l d e k, Reg.-Ob.-Baurat Dipl.-Ing. Wilhelm — Amt der Oberösterreichischen Landesregierung, Abt. Wasserbau, Linz
W a l d h e r r — Radio Linz
W e b e r, Bakteriologe Josef — Bundesanstalt für Wasserbiologie und Abwasserforschung, Wien
W e i l h a r t e r, Dkfm. Heribert — Hochschule für Welthandel, Institut für Raumordnung, Wien
W e i n m e i s t e r, Dipl.-Ing. Bruno — Österreichischer Naturschutzbund, Linz
W e i s, Direktor i. R. Dipl.-Ing. Dr. Richard — Vorstandsmitglied des ÖWWV, Wien
W e i s m a n n, Oberbaurat Dipl.-Ing. Wolfgang — Oberösterreichische Landesbaudirektion, Traunbauleitung Gmunden
W e i ß, Hofrat Dr. Rüdiger — Amt der Kärntner Landesregierung, Klagenfurt
W e n d e l b e r g e r, Univ.-Prof. Dr. Gustav — Österreichischer Naturschutzbund, Leiter des Instituts für Naturschutz und Landschaftspflege, Wien
W e n i n g e r, Ernst — Hochschule für Welthandel, Institut für Raumordnung, Wien
W e n z l, Landesrat Dr. Erwin — Amt der Oberösterreichischen Landesregierung, Linz
W e r n e c k, Dr. agr. habil. Heinrich — Linz
W e r n e c k, Irmgard — Linz
W i e n e r, Waltraud — Österreichischer Naturschutzbund, Wien
W i n c o r, Dipl.-Ing. Wilhelm — Zellwolle Lenzing AG, Lenzing
W u h r e r, Dipl.-Ing. Lambert — Ebenseer Solvay-Werke, Ebensee

# SCHRIFTENREIHE
## DES ÖSTERREICHISCHEN WASSERWIRTSCHAFTSVERBANDES

H. 1—5 vergriffen.

H. 6 **Bermann, R.:** Betrachtungen zur Energiewirtschaft Österreichs. 23 S. 1946. S 6.50.

H. 7 **Hartig, E.:** Wasserwirtschaft und Wasserrecht — Der Österreichische Wasserwirtschaftsverband. 25 S. 1947. S 7.—.

H. 8 **Vas, O.:** Über das Unterwasserkraftwerk. 67 S., 22 Abb. 1947. S 15.—.

H. 9 **Musil, L.:** Wirtschaftliche Gesichtspunkte für die Großraum-Verbundwirtschaft in der Elektrizitätsversorgung. 43 S., 15 Abb. 1947. S 9.—.

H. 10 **Pönninger, R.:** Die Verwertung der städtischen Abwässer in Österreich. 67 S., 15 Abb. 1948. S 14.40.

H. 11 **Steinwender, A.:** Die Zukunft der Wasserversorgung der Stadt Wien. 44 S., 8 Abb. 1948. S 7.20.

H. 12 **Ramsauer, B.:** Die österreichische Nährflächenreserve — das zehnte Bundesland. 30 S., 7 Abb. 1948. S 5.80.

H. 13 **Vas, O.:** Der Anteil Österreichs an der elektrizitätswirtschaftlichen Gemeinschaftsplanung in Europa. 27 S., 13 Abb. 1948. S 6.60.

H. 14 **Böhmer, H.:** Über den derzeitigen Stand der Bauarbeiten am Tauernkraftwerk Kaprun. 50 S., 22 Abb. 1949. S 12.—.

H. 15 **Fritsch, J.:** Talsperrenbeton. V + 34 S., 4 Abb. 1949. S 7.20.

H. 16 **Sitte, F.:** Wasserwirtschaftstagung 1949 in Bad Ischl, Oberösterreich. — Jahresbericht 1948 des Österreichischen Wasserwirtschaftsverbandes. III + 70 S., 11 Abb. 1949. S. 1920.

H. 17 **Kieser, A.:** Gewässerkundliche Grundlagen der Anlagen und Projekte der Vorarlberger Illwerke A. G. III + 36 S., 21 Abb. 1949. S 7.20.

H. 18 **Steinwender, A.:** Über Düsen, Wasserstrahlpumpen und Heber. III + 47 S., 33 Abb. 1950. S 14.40.

H. 19 **Fritsch, J.:** Der heutige Stand der Massenbetontechnik. 37 S., 15 Abb. 1950. S 12.—.

H. 20 **Baumann, F.:** Vom älteren Flußbau in Österreich. IV + 44 S., 10 Abb. 1951. S 14.40.

H. 21 **Kieser, A.:** Die „Kernring-Auskleidung" im Druckstollen „Kops-Vallüla" der Vorarlberger Illwerke A. G. III + 31 S., 12 Abb. 1951. S 10.—.

H. 22 **Vas, O.:** Probleme der Kraftwasserwirtschaft in Mitteleuropa. III + 60 S., 27 Abb. 1952. S 16.—.

H. 23 **Grengg, H.:** Das Großspeicherwerk Glockner-Kaprun. V + 35 S., 10 Abb. 1952. S 14.—.

H. 24 **Fritsch, J.:** Amerikanischer Talsperrenbau. III + 51 S., 22 Abb. 1952. S 20.—.

H. 25 **Liepolt, R.:** Abwasserwirtschaft in Österreich. **Koziel, O.:** Abwasserwirtschaft in Kärnten. V + 40 S., 10 Abb. 1953. S 18.—.

H. 26/27 **Grabmayr, P.:** Wasserrechtliche Berufungsentscheidungen und Erkenntnisse 1949 bis 1952. III + 73 S. 1953. S 30.—.

H. 28/29 **Hartig, E.:** Internationale Wasserwirtschaft und internationales Recht. 102 S. 1955. S 42.—.

H. 30 **Vas, O.: Wasserkraft- und Elektrizitätswirtschaft in der Zweiten Republik.** 48 S., 39 Tafelbilder, 9 Abb., 9 Tab. 1956. S 36.—.

H. 31 **Lernhart, A.:** Untersuchungen zur Erweiterung der Wasserversorgung Wiens. 44 S., Grundwasserkarte. 1956. S 36.—.

H. 32/33 **Kresser, W.:** Die Hochwässer der Donau. 94 S., 24 Abb., 15 Diagramme, 7 Tabellen, 1 Niederschlagskarte. 1957. S 51.—.

H. 34 **Fritsch, J., W. Steinböck, A. Wogrin:** Fortschritte in der Betontechnik des Massenbetonbaues. 24 S., 12 Bildtaf., 4 Textabb., 1 Konstruktionsskizze. 1957. S 21.—.

H. 35 **Rotter, E.:** Anwendung von Spritzbeton. 44 S., 5 Abb., 19 Taf., 2 Maßzeichnungen im Anhang. 1958. S 42.—.

H. 36/37 **Grabmayr, P.: Wasserrechtliche Entscheidungen 1953 bis 1957.** 128 S. 1958. S 60.—.

H. 38 **Lanser, O.:** Beiträge zur Hydrologie der Gletschergewässer. 63 S., 4 Bilder, 3 Diagr., 11 Tab. 1959. S 45.—.

H. 39 **Fritsch, J., E. Tremmel, A. Wogrin:** Der VI. Kongreß der Internationalen Talsperrenkommission. 56 S., 14 Bilder. 1959. S 45.—.

H. 40 **Die Salzburger Tagung 1959. 50-Jahrfeier des Österreichischen Wasserwirtschaftsverbandes.** 104 S., 2 Bildtaf. 1959. S 48.—.

H. 41 **R é m y - B e r z e n c o v i c h, E.:** Analyse des Feststofftriebes fließender Gewässer. 56 S., 18 Abb., 12 Tab. 1960. S 69.—.

H. 42 **Baumann, F.:** Vorgeschichtliches zum ostalpinen Flußbau. 52 S., 20 Abb., 1 Tab. 1960. S 72.—.